U0002433

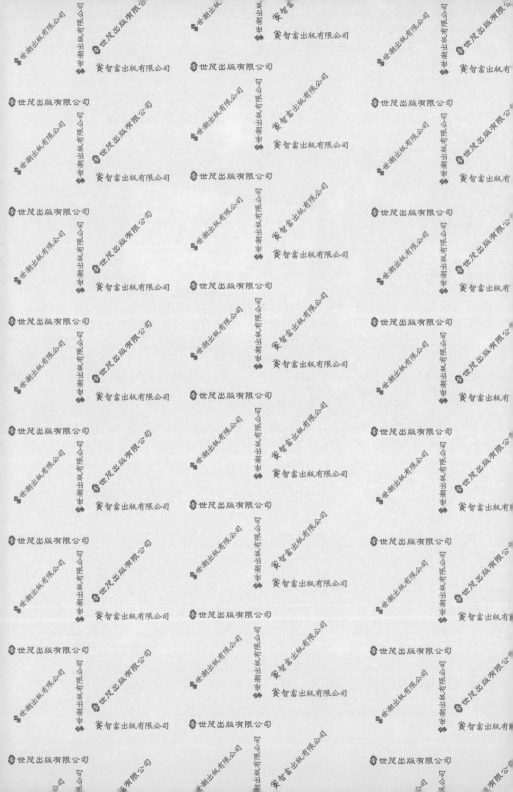

おうちでできる 子どものための自然療法

日本第一
小兒科中西醫師
教你免疫力一流的
自然育兒療法

王瑞雲◎監修
涂祐庭◎譯

「自然療法」的意義在於「盡可能不要帶給身體負擔」，而不是「無論如何，就是不能吃西藥！」或是「不論什麼時候，都不接受手術」。

所謂的醫療，有著許多的方式和手段。古時候人們祈禱和使用咒術，也算是醫療行為的一種。不論在哪一個時代，醫療的目的都在於「幫助因為生病而感到身體不舒服的人，恢復到原本正常的生活狀態」。根據病人當時的狀況，分析應該使用什麼醫療方法並且提供建議的人，就是綜合醫學的醫師。

過去有一段時期，綜合醫學的醫師被稱為「家庭醫師」。就我個人看來，這類醫師就像是「萬事通」，他們擁有豐富的知識，能幫助病人恢復健康的生活。所以只要有他們在身邊，養育小孩時就能令人感到非常安心。

當我們的身體出現一些小狀況時，在尋求醫師之前，應該先檢視自己的生活習慣，是否睡眠不足、生活作息失調、暴飲暴食、壓力過大等等。大人感到不舒服時，就要進行自我檢查；如果是小孩，則需由身旁的大人幫他做檢查。

如果是睡眠不足，就要讓自己有充足的睡眠；如果是生活作息失調，就要回歸原本的作息。把不好的習慣一一改正過來後，身體上的不適自然就會消除。

這也是自然療法的一環。自古以來，就有一句話說「養生食養為首，藥為次」。「自然療法」的意思，就是讓生活更順應自

然，從自己能做到的事情開始嘗試。

　　我從小就體弱多病，為了照顧好自己的身體，我進入醫科大學學習西洋醫學，又從以漢方藥材為中心的食養學中，盡可能吸收各種治療疾病的方法。最後我得到一個結論，亦即「所謂好的醫療，就是輕鬆、隨手可做、能持續到未來並得到好結果的醫療」。

　　最好、最理想的情況，是生病時不光仰賴醫生，也能靠自己的力量守護自己。至於守護自己的方法，我已經把一部分整理在這本「自然育兒療法」之內了。如果各位能把這些看作「為了活下去的各種知識」，將會是我莫大的榮幸。

　　其實，我真心希望各位能從「食養學（日本傳統飲食）」、「養生學」開始好好學習。因為那些都是各位守護自己、守護家人的基礎。若是父母學習了，孩子不但不容易生病，還能變得更聰明。總之，不論您的年齡有多大，都應該開始學習，並親自身體力行。您的孩子看到後，自然就會孕育出活下去的力量。

　　我相信，每個孩子都是各位的「希望之星」。

寫於美國奧勒岡州

WANG RUI-YUN 王瑞雲

# 自然療法
## 目錄

★如果您有慢性病、過敏、或是皮膚問題，請先向家庭醫生諮詢後，再進行本書的治療法（居家照護）。

# 2章 在家就能夠對症下藥

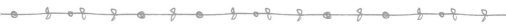

# 3章　食衣住 日常生活的自然療法

# 1 章

# 什麼是
# 自然療法？

存在於自然界的一切事物都擁有「生命」。
它們能為我們補充營養、排出體內不必要的物質⋯⋯
能夠配合孩子們的身心狀況給予治療的，就是所謂的自然力量

# 在求助醫院或服藥之前，請先考慮自然的力量！

### ✦自然療法並不是「絕對不使用西藥」

自然療法不是要您改吃素食，或要您去當仙人。當您不幸生病時，不用抱持「絕對不要使用西藥」的想法，而是先選擇食用非人工、存在於大自然界、擁有生命的東西，並維持健康有規律的生活。

### ✦孩子體弱多病的原因，就出在飲食習慣？

在東方醫學中，醫生會以把脈和按壓腹部等方式，推斷一個人是否健康。不過從2000年開始，我發現這套技術已經逐漸式微。把脈和按壓腹部可以檢查身體內有多少能量，也就是有多少所謂的「生命力」。那麼，為什麼這套技術漸漸不再被採用了呢？

大約就在同一時間，一本關於食物的書籍問世，引起了大家熱烈的討論。這本書敲響了「食品添加物」的第一聲警鐘。大家讀完之後，開始注意到每天吃的食物存在有許多問題，認為「孩子的身體愈來愈差，會不會就是因為他們吃太多加工食品、吸收太多食品添加物所造成的？」

孩子會發生的疾病愈來愈多，例如動不動就發燒感冒、腸胃不適、過敏、以及皮膚炎、中耳炎……等等。

### ✦良好的飲食習慣搭配民間藥膳，對抗病痛更有效果

根據我在小兒科服務的經驗，只要保持良好的飲食習慣，採取

民間藥膳和自然療法，再加上芳香療法、運動療法、針灸、按摩等方式，如果還是不放心，就再服用一些中藥，我想有45%的孩子都不會再生病。

自然界中的一切事物都擁有生命。我們吃了那些東西，可以補充不足的營養，排出過多不必要的物質，並且把維持生命所需的能量，送到身體各處。

## ✦人工製造的食品無法提供「生命力」

不過，人工製造的食品就不是如此了。雖然那些食物能產生飽足感，卻無法讓我們的身體溫暖、排出有害物質，甚至還不能帶給我們生命力。那麼，為什麼我們就能從自然界的生物中取得能量呢？因為人類也屬於自然界的生物，同樣是這個地球的連鎖（循環）的一小部分。

## ✦孩子在成長時期多接觸大自然，會變得更沉著、更謙虛

還有一點，讓孩子多接觸大自然，對他們的未來也會有重大影響。親近大自然的孩子，在精神上會更穩定。他們悠哉地在大自然中玩耍，學習到許多知識，從而會變得更加謙虛。

# 孩子和家人的健康，
# 要由媽媽來守護

### ✦治療「疾病」，需要家人和醫師間的溝通

「如果只是喉嚨痛，先用蘿蔔泥加蜂蜜讓他吃吃看。」我曾經這樣告訴一名病患的母親。過了幾天，那位母親還是不放心，又去找了另外一位醫師，跟他說明孩子的病情後，立刻被醫師訓斥道：「要是引發肺炎怎麼辦！」那位母親嚇了一大跳。我想，醫師之所以要那樣告誡母親，是認為她不知道如何區分喉嚨痛跟肺炎。

跟醫師比較起來，每天陪伴在身邊的家人，應該會更清楚孩子的身體狀況，所以每一位母親和家人能看出孩子的病症這一點，是最重要的一件事。然後在他們背後，還要有一位能夠隨時提供諮詢的醫師。

「生病」並不是由醫師來治療，而是透過家庭跟醫師間的確實溝通，讓孩子的負擔減到最低，而得以進行適合他的治療。

### ✦媽媽就是家裡的醫師

我希望每一位母親，都能成為家庭醫師，當孩子喉嚨痛時，會知道「先給他吃蘿蔔泥加蜂蜜，看看有沒有好轉。」

如果一名醫師聽到孩子「喉嚨痛」，就馬上開給他肺炎的藥，反而會帶給媽媽和家人恐懼。為了避免這種情況發生，我才會希望媽媽能懂一些民間療法。

如果想要了解民間療法，媽媽就應該每天注意孩子的身體狀況，看看是不是有哪裡異常；接著，當孩子的身體出現異常時，媽

媽自己就要好好「思考」如何對症下藥。

### ✦不論是養育小孩還是維持健康，都要慎選家人的生活方式

如果母親儘是聽信各種治療方式，而沒有一個準頭，孩子真的能夠獲得健康嗎？

答案想必是否定的，甚至反而會讓病情更糟糕。再說，如果母親像一隻無頭蒼蠅胡亂投醫，不也代表她在養育小孩上，也是抱持那樣的態度嗎？

養育小孩就是要把香火傳遞給下一代，讓他們繼承下去。如果這部分做得不夠紮實，就算香火再怎麼旺盛，終究還是會熄滅的。

「要如何思考這件事？」

「要選擇什麼樣的生活方式？」

我希望每一位母親，都能以堅定的態度，面對這兩個問題。

# 吸收東方醫學和
# 西方醫學
# 各自的優點

**✦西方醫學的觀念是「抵抗病魔」**

不知各位是「西方醫學」派？還是「東方醫學」派？

「西方醫學」的基礎，建立在「把病魔趕出去」的概念上，所以經常使用抗生素、抗病毒藥、退燒藥、維生素等藥物。也就是說，他們認為疾病是由「外在因素」所引起，才會想要擊退、抑制病魔，並且修復身體的健康。

**✦東方醫學的觀念是「讓身體不會輸給病魔」**

相對地，東方醫學認為疾病是由「內在因素」引起。人如果生病了，就代表他原本的「生命力」和「自然治癒力」變弱，而為了提高這兩種力量，才會喊出「打造不會輸給疾病的身體」這種口號。

總之，就算人類被各式各樣的細菌或病毒侵襲，只要身體擁有足夠的抵抗力，就不需要擔心了。

**✦西藥對每個人都有效，而中藥則能配合不同人的體質**

「西方醫學」最講求的，是對每個人都有療效的藥物；而「東方醫學」則認為每個人在體力、體質、些微差異的症狀上，各有各的不同，不能同一而論。因此中藥可以做細微的調整，調配出適合每個人的處方。

## ✦西方醫學和東方醫學已成為合作關係

過去有很長一段時間，東西方醫學之間立了一堵很高的牆。不過到了現在，大家知道有些症狀只能靠西方醫學治療，而東方醫學的概念也不容被忽視。為了病患的健康，目前兩邊已經開始攜手合作了。

在必要的情況下，我也會讓病患服用抗生素，希望治療方式盡可能往簡單而不痛苦、又不用花大錢的方向發展。

## ✦自立的「醫、食、住、教、法」能守護家人的健康

我希望各位不是仰賴藥物和醫師來治療「疾病」，而是要自己（自家人）抱持治好疾病的想法，管理好自己的身體，並且時時刻刻了解身體的狀況。如果不用仰賴醫療，就能「自立」地生活下去，也就能夠活用正確的資訊。所謂的「自立」就是，必須確立「醫、食、住、教、法」等五大要素。這在您未來的人生中，會是最重要的力量。

### 醫
自己的身體當然是自己最清楚，對家人而言這也是同樣的道理。所以媽媽們請多充實疾病和醫藥的知識，努力成為自己家裡的醫師吧。

### 食
思考「吃東西」的意義的同時，也請去了解食物和健康身體的關聯。

### 住
生活（居住）環境大大影響著我們。可以思考看看，支撐我們身心成長和平靜的東西，到底是什麼？

### 法
抱持不論遇到什麼事情，都不會被各種資訊所迷惑的「哲學」（生活方式）。

### 教
父母要告訴孩子做人最重要的事情，也要時時注意這個社會和周遭，以柔軟的態度去學習新事物。

# 在家就能進行的簡易診療
## （健康檢查）

✦嬰兒跟小孩會一點一點地發出身體不舒服的訊息

　　不論是嬰兒還是小孩，都常會出現上一秒明明還在玩耍、笑得很開心，下一秒就突然出現累癱、發燒的狀況。

　　但事實上，通常在那之前，孩子們多少都已經發出身體不舒服的訊息了。如果能在狀況發生時，搶在第一時刻妥善處理，媽媽也就不會慌了手腳吧。

✦只要每天仔細觀察，就能及早發現孩子的病狀

　　如果平常就有仔細觀察嬰兒或孩子的活動情形，就能馬上發現「今天也一樣很有精神！」「今天的臉色有點不好，這麼說來，他也沒什麼食慾呢」、「說話聲有點怪怪的，會不會是感冒了……」如果能夠先一步發現生病徵兆，然後立刻採取對策，那麼自然就能夠緩解病狀。

✦在家中進行簡單的健康檢查！

　　孩子們生的病，其實是可以靠父母親的智慧治好的，所以希望各位父母們每天都要給孩子進行簡易的診療（健康檢查）。這也是管理孩子健康的第一步。

**1** 視診／觀察您的孩子

**臉色** → 檢查臉色是否比平常蒼白。

**表情** → 感覺沒什麼笑容，還有些疲憊。

**姿勢** → 一直駝背，把頭垂得低低的。

**行為** → 平常明明很有精神的，今天卻一直坐著，穿衣服時也懶懶的。

**皮膚的水潤度** → 臉跟四肢好像有點腫。

**食慾** → 今天喝的水比平常還多，吃東西時沒什麼胃口。

**出汗** → 天氣明明不怎麼熱，全身卻大量出汗，或是臉上不斷冒汗。

**舌頭** → 舌頭的顏色和樣子是測量健康的基準。

**2** 觸診／測量體溫和脈搏

**體溫** → 發燒時不見得全身都會發熱，也有可能出現手腳冰冷的情形。帶孩子去醫院時，將這些情形一併告訴醫生，開出來的藥就會有所不同。

**脈搏** → 先了解一下身體狀況好跟不好時，脈搏的跳動方式有何不同。

**3** 腹診／從大小便看出腹部情形

便祕？腹瀉？不停放屁？

孩子發生腹痛時，爸爸媽媽多會直接帶去醫院治療吧。但是在門診時間外，或者住家附近沒有小兒科急診時，如果是因為便祕，其實只要用灌腸的方式，通常就可以獲得解決。

**4** 聽診／分辨呼吸跟咳嗽的聲音

咳嗽聲是什麼樣的感覺？

就算同樣是咳嗽，氣喘和發炎時的聲音也會不同。

例如拼命咳嗽、卡痰、伴隨「呼──呼──」的喘氣聲等等。因此，我推薦父母們可以使用聽診器來細聽。

請一定要試試看。一開始不用想得太難，只要多聽幾次，就一定能聽出其中的差異。

# 平時就在家裡
# 準備好急救箱

　　為了在突如其來的發燒、腹痛、受傷時有所準備，並且應付孩子的特殊體質和容易發生的疾病，平時在家裡備妥各式藥品，就能夠萬無一失。

### ◆外用藥

**消毒藥**……準備好漱口藥、外傷消毒藥、稀碘酒等各種殺菌藥，就可以在不同情況下派上用場。

※對碘過敏的小孩不適用稀碘酒。

**傷藥**……紫雲膏、紫黃膏

　　加入紫草根的紫雲膏可用於割傷、痱子、燒燙傷等傷口上。

※對芝麻或豬油過敏的孩子不適用。

　　如果傷口化膿了，可以使用多了消炎、鎮痛效果的紫黃膏。

　　擦傷時要先用清水沖洗擦拭，再上一次稀碘酒，請小心不要使用過量。

**止癢**……加入抗組織胺成分的止癢藥、釀造醋

　　蚊蟲叮咬造成皮膚搔癢時，我建議使用有抗組織胺成分的藥物，或是純米之類釀造的醋也可以。若孩子的皮膚較脆弱，可先加水稀釋後再使用。

**有薄荷醇成分的藥膏**……外用鎮痛消炎藥

　　腹部脹氣或要緩和感冒咳嗽時，可使用含有薄荷醇的藥物。

**灌腸**……用於時常便祕的孩子突然腹痛時。

## ✦內用藥

**感冒藥**……綜合感冒藥、抗生素

可以準備一些常用的綜合感冒藥。至於抗生素，則請考慮孩子的體質，先向醫師諮詢後再行準備。

※不管是什麼藥，都必須注意保存期限。

**胃腸藥**……市售整腸藥、五苓散、高麗人參茶

務必熟知漢方藥材的成分和功效；至於整腸藥，則可先向醫生或調製藥局諮詢後再行準備。

## ✦退燒藥、鎮痛藥

這兩種是緊急情況下使用的藥品，請和醫生討論清楚後再使用。

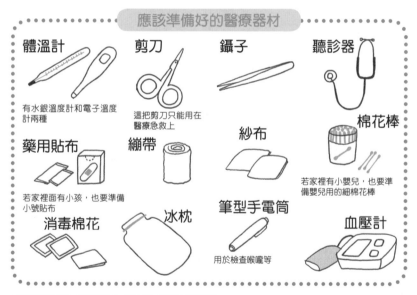

應該準備好的醫療器材

**體溫計**
有水銀溫度計和電子溫度計兩種

**剪刀**
這把剪刀只能用在醫療急救上

**鑷子**

**聽診器**

**藥用貼布**
若家裡面有小孩，也要準備小號貼布

**繃帶**

**紗布**

**棉花棒**
若家裡有小嬰兒，也要準備嬰兒用的細棉花棒

**消毒棉花**

**冰枕**

**筆型手電筒**
用於檢查喉嚨等

**血壓計**

※注意有效期限，每半年檢查一次內容，補充缺少的物品。
※請保管在陽光不會直射到的地方。
※請保管在孩子無法隨手拿到的地方。
※不同體質的孩子，對有些物品可能會出現過敏狀況，所以準備時也請先向家庭醫師諮詢清楚。

# 「家庭病歷」
# 健康管理就靠這一本！

✦您是否有過吃了醫生開的藥卻沒有效，或跟身體不合的經驗？

　　您是否也有過這樣的經驗：當身體不舒服去醫院求診時，醫師開的藥卻跟身體不合。在西方醫學的基本概念是，為病患針對不同的症狀開出具緩和症狀效果的藥。

　　然而，病患的體質並沒有被列入考量，所以常常會發生吃了之後卻沒有藥效，或是跟身體不合的情況。

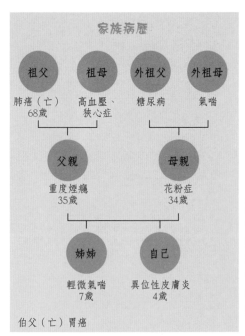

家族病歷

| 祖父 | 祖母 | 外祖父 | 外祖母 |
|------|------|--------|--------|
| 肺癌（亡）68歲 | 高血壓、狹心症 | 糖尿病 | 氣喘 |

| 父親 | 母親 |
|------|------|
| 重度煙癮 35歲 | 花粉症 34歲 |

| 姊姊 | 自己 |
|------|------|
| 輕微氣喘 7歲 | 異位性皮膚炎 4歲 |

伯父（亡）胃癌

[第一頁]

■所有家族成員的病歷

做一份簡單明瞭的病歷族譜，記載到祖父母那一代。病歷中要把每一位家人有無慢性病、過敏、文明病、癌症等已經知道的病名通通記錄清楚。

不過很遺憾，醫師們是非常忙的，即使他們想要為病患仔細問診，也沒有那麼多時間。但是站在病患的立場，還是會希望醫師能夠問得仔細一點，早一點把病給治好吧。

### ✦準備好自己的病歷，就能馬上讓醫師了解自己的體質

這種時候，最能派上用場的東西，就是病患本人的病歷了。把至今所有得過的疾病、症狀、檢查內容、開過的處方藥等全部記錄清楚，就能讓醫生正確掌握病患的體質以及病症類型。

您可以記錄在一本筆記本內，而且不只是孩子的，也把全家人的「家庭病歷」給準備好吧。所謂「自己的身體要靠自己管理」，正是因為在現在這個時代，自立才更是一件非常重要的事情。

### ○○○的病歷

●出生年月日　▲▲▲年5月16日

●身高　45cm　●體重　2442g

●懷孕時期的狀況　嚴重頭暈

●生產時的情況　剖腹生產

●預防接種　三合一疫苗、三合一追加疫苗、卡介苗、痲疹疫苗、風疹疫苗、B型嗜血桿菌疫苗

●藥物過敏　無

●皮膚過敏　痱子很嚴重

●食物過敏　蛋、薔薇科水果

●經常生的病　喉嚨經常腫起、一流鼻水就會耳朵痛

[第二頁]

■本人的病歷

參考媽媽手冊，記錄母親懷孕時得過的疾病、生產狀況、到目前為止接種過的疫苗等。

另外，也把您所知道會產生過敏的東西，清楚羅列出來吧。別忘了還有經常會染上的疾病也要寫進去。

## 就診記錄

7/25　晚上突然發高燒至40度

7/26　前往小兒科看診，

　　　經診斷發現是突發性發疹

| 藥品名 | 藥品圖片 | 起床 | 早上 | 中午 | 晚上 | 睡前 | 藥效、注意事項 |
|---|---|---|---|---|---|---|---|
| ○○糖漿 | | | | 1 | | 1 | |
| | | 早、晚飯後 | | | | | |
| ○○藥粉 | | | | 1 | | 1 | |
| | | 早、晚飯後 | | | | | |
| | | | | | | | ○○藥局 |

### 藥品說明書或處方籤影本黏貼處

○○小兒科　○○醫師

預計下次診療時間　7/28

## 家庭醫師

小兒科

○○小兒科

地址：東京都目黑區○○町1-2-3

▲▲▲-○○○-◇◇◇

門診時間：9：00～12：00、14：30～17：00

休診時間：星期三・星期日、以及星期六下午

皮膚科

○○皮膚科

地址：東京都目黑區○○町5-6-7

▲▲▲-○○○-◇◇◇

門診時間：9：00～12：00、14：30～17：00

休診時間：星期三・星期日、以及星期六下午

[第三頁]

■就診記錄

記錄目前罹患的疾病和服用的藥物、病情發生變化的日期，以及發燒、咳嗽等狀態。

就診後的病名、醫生開的藥品影本也要順便貼上去喔！

有了這些記錄，出去旅行時若身體出了狀況，也就不需要擔心了。

[第四頁]

■家庭醫師資訊

記錄習慣去的診所和目前就醫的診所地址、電話、休診時間等資訊。

重點就是發生萬一時，這本病歷要能讓醫生一目了然！

# 2 章

# 在家就能夠
## 對症下藥

突如其來的發燒、咳嗽、卡痰、腹痛、受傷等，
其實有許多情況，是不需要立刻就醫的。
如果把遇到這些情況的處理方式學起來，將會非常有用。

# 感冒初期該怎麼辦？

第一步應該是「養生」，而不是過度仰賴藥物。
先用生薑湯或梅子番茶（註：日本的一種綠茶）
給孩子暖暖身體，
再讓他吃一些清淡的燉蘿蔔之類，
容易消化的東西。
藉由充足的睡眠好好休養身體，才是最好的良藥。

**能治療感冒的三種食材**

自古以來，大家就知道感冒時吃蘿蔔、生薑、長蔥最有效。在民間療法裡，也有把烤過的長蔥圍在脖子上的方法。

**用蛋蜜汁取代蛋酒**

感冒時，大人多會喝杯蛋酒然後睡上一覺。若換成了小孩子，就用熱水取代酒，再加些甜味調成蛋蜜汁讓他飲用。

🌼 可以試試這些傳統飲食！

★加入梅肉（日本梅乾的果肉）的雜燴粥……跟一般的白粥比起來，多了醬油或味噌味道的雜燴粥更受孩子們喜歡。還可以加一點梅肉或生薑。

★蘿蔔料理……蘿蔔泥含有豐富的消化酵素，不妨讓孩子多吃一些。加點蘋果泥能讓孩子更容易入口。另外，還可以試試看清淡的燉蘿蔔。

★生薑湯……在杯中加入生薑汁、黑砂糖、和一大茶匙的葛粉（可以先在熱開水中泡開），然後倒入熱水。

★梅子番茶……在非常淡（沖淡）的番茶中加入日本梅乾搗碎，再用黑砂糖、蜂蜜等加些甜味。

🌼 預防感冒的五大重要生活習慣

●早睡早起……人類的身體養成一種節奏，可以在夜晚時完全消除疲勞，然後在白天充分活動。所以，尤其應該讓年紀小的孩子們早點睡覺，並睡滿 8～11 小時。

●粗食……避免大量使用油類的豪華料理，選擇有大量蔬菜和海藻的日式料理。吃到八分飽即可，而且吃飯時間前要保持空腹。

●注意室內外溫差……冬天如果在暖氣房裡待太久，就會無法適應戶外的溫差。所以冬天時儘量讓室溫保持在20度左右，房間裡也可以掛一條濕毛巾，讓濕度維持在50～55%。

●避開擁擠人群……聚集大批人潮的地方，同時也會聚集大量的病毒和細菌。如果要預防感冒，最重要的就是避開擁擠的人潮。從外面回到家時，也別忘了要洗手、洗臉跟漱口。

●不要累積壓力、也不要讓壓力累積……人們感受到強烈的壓力時，會因為緊繃而導致血液循環變差，和身體的免疫力下降。所以每天過得快快樂樂的，也非常重要！

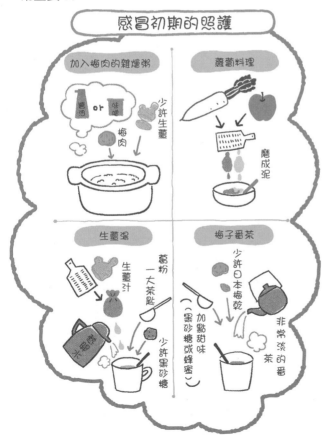

## 感冒初期的照護

加入梅肉的雜燴粥

蘿蔔料理

生薑湯

梅子番茶

*嚴禁夫妻吵架*

夫妻之間的爭吵，會帶給孩子非常大的壓力。如果在意見上真有不合，麻煩到遠離孩子的地方再吵。

孩子要穿得
比大人薄

大家都說孩子生下來兩個月後，穿的衣服要比大人少一件。把手從背後伸進孩子的衣服，如果裡頭有汗，就讓他脫掉一件吧。

# 突然發燒

發燒時要謹記「頭涼腳熱」這個基本原則。
用冰枕或退熱貼冷卻頭部，
身體跟腳部則要保持溫暖，然後讓孩子睡覺。
還要用嬰幼兒的電解質飲料、
能稍微暖和身體的番茶或麥茶來補充水分。
但是請注意不要補充過量，
過多的糖分反而會讓孩子疲勞。

## 🌸 不要緊張！第一步先做全身檢查

　　孩子發燒時，做家長的心裡總會七上八下的。這時候，我們應該先冷靜下來，為孩子做全身性的檢查。①臉色發紅還是蒼白　②有沒有出汗　③身體是否發寒　④四肢發燙還是冰冷　⑤排尿次數與排尿量、顏色是否異常　⑥脈搏是否加快　⑦舌頭表面是否出現異常　⑧是否沒有食慾或想吐　⑨呼吸是否紊亂　⑩排便是否正常、有沒有軟便　⑪心情好不好。以上十一點全都要檢查到！

## 🌸 如果是這些情況，務必要送去醫院！

★發燒超過39度
★全身無力、沒有精神
★呼吸紊亂、出現痙攣

---

**把溫度計夾在腋下時**

最近有些能測量耳溫的溫度計，不過您如果還是用夾在腋下的，記得要讓溫度計跟身體成直角，溫度計尖端也要放在腋下中間，然後用手臂輕輕壓住。

**短時間測出的溫度可能有誤差**

對於好動的孩子來說，只要幾秒鐘就能測出溫度的機器固然方便，但相對地也容易產生誤差。如果您覺得測出來的溫度有些奇怪，不妨多測幾次看看。

如果發燒不是那麼嚴重，也沒有其他症狀，可以先觀察個半天左右。如果孩子出現腹瀉、嘔吐、全身狀況惡化、微燒不退的情況，就必須帶去醫院檢查。

## ❀ 若身體發寒，就不可以使用退燒藥

　　在西方醫學中，若發燒超過38.5度，醫生通常會開退燒藥。但是千萬不要光靠那個數字下判斷！發燒時如果四肢冰冷、臉色蒼白且還會發抖，就還是必須注意保暖，而不能使用退燒藥。

## ❀ 居家照護的重點在於補充水分

　　發燒時最重要的，就是必須補充水分，以免造成脫水。開水會破壞體內的電解質平衡，因此可以使用嬰幼兒喝的電解質飲料或先把大人喝的電解質飲料稀釋過後再給孩子喝。不過也請注意不要過量。還有，用沖淡的番茶或蘋果汁也可以。不論是哪一種飲料，都要維持在能稍微暖和身體的溫度。柳橙汁之類的柑桔類飲料容易造成腹瀉，所以要儘量避免。

## ❀ 頭涼腳熱，呈側睡姿勢好好休息

　　用冰枕或退熱貼幫孩子的頭部降溫，不過記得不要弄得太冰，也要小心不要冰到肩膀。接著要讓身體和腳部保持溫暖，然後呈側睡姿勢休息，以免嘔吐物卡在喉嚨造成危險。

　　身體對抗病原體時會發出熱能，所以會產生發燒現象。若孩子還有體力，與其用藥物降低體溫，不妨就在家裡讓他慢慢散熱，並且從旁給予支援。不過發燒的原因有很多種，也會出現各式各樣的狀況，所以還是要跟家庭醫師充分討論過後再實行。

**有食慾的時候**

雖然發燒時可以食用一些好消化的粥和湯類，但還是不要勉強孩子進食，等他自然產生食慾時再吃會比較好。

**購買市售藥品時要看看清楚！**

隨著每個人的情況不同，消炎、鎮痛、退燒藥和感冒藥等有可能會產生副作用，有時甚至會危及生命，特別是家中的小孩，不要隨便給他們使用市售的成藥。不只是西藥，中藥也同樣會有副作用。關於這方面，您可以請教熟知綜合醫學的醫療從業人員。

# 頭痛

如果孩子因為感冒或睡眠不足而頭痛，
可以讓他喝生薑湯，
再用冰枕冷卻頭部，
注意下半身的保暖，讓他躺下來休息。
家裡可隨時準備幾片退熱貼，
要冷卻頭部時就很方便。

**記得保持空氣流通**

開有冷氣或暖氣的房間
中，因為空氣一直悶在
裡面，所以也可能會造
成頭痛。時時刻刻用身
體去感覺，打開窗戶透
透氣也是很重要的。

**提防中暑**

不管在哪個季節，只要
水分攝取不夠，一直待
在高溫中就有可能中
暑。頭痛也是中暑的症
狀之一，所以請多加留
意。

🌸 首先要觀察病情

　　把手放到孩子的額頭上，確認是否有發燙，再握
住孩子的手腳，看溫度是熱的還是冷的。其他還要檢
查咽喉和舌頭狀態、是否想吐、排出軟便、便祕、小
便是否正常等。

　　同時，還要回想孩子最近四、五天的狀況。是不
是有什麼事情，造成他精神或肉體上的負擔？食慾跟
睡眠好不好？從這些情形中，爸爸媽媽也可以看出孩
子鬧情緒或哭泣的原因。

🌸 頭痛的原因包括感冒、睡眠不足還有其他許多

　　感冒是造成頭痛的最大原因，因此經常會伴隨著
高燒。睡眠不足或吹風讓身體受涼時，也會讓人覺得
頭痛，所以請各位要照顧好自己的身體喔！此外，扁
桃腺炎、副鼻竇炎、中耳炎、腮腺炎也都是造成頭痛
的原因。

　　近幾年來，長時間打電動、電腦、看電視，用眼
過度所造成的頭痛也愈來愈常見。而在極為罕見的情
況下，也有可能是腦膜炎、髓膜炎、顱內炎症、腦腫
瘤等。

　　大多數的情況下都不需要驚慌，但如果一直持續

頭痛，還有發燒、嘔吐、痙攣等症狀，或是不久前頭部受過外傷，三不五時就就會覺得頭痛，則必須立即就診。

## 🌸 冷卻頭部，溫暖身體

感冒或睡眠不足是最常造成頭痛的原因。在這種情形下，就請以「頭涼腳熱」的原則來照顧您的孩子吧。

用冰枕或退熱貼冷卻頭部，下半身則要確實保暖；讓孩子換穿睡衣之類的寬鬆衣服會讓他們感到更舒服。想吐的時候，記得要讓孩子採側躺。

## 🌸 暖和身體的飲品、冷卻頭部的自然療法

如果要給孩子喝一些東西以溫暖身體，就在熱開水中加入生薑汁。不過光只有這樣，孩子可能不容易入口，所以可以再加些羅漢果茶進去。

如果要促進孩子頭部的血液循環，讓他舒服些，可以在頭上擦薄荷水。另外，直接塗抹萬金油或薄荷膏也是一種方法。

頭痛時的照護

薄荷水

生薑汁　羅漢果茶

or

萬金油

自製退熱片

材料：蘿蔔泥三大茶匙、蘆薈葉子取出的黏液三大茶匙。兩者混合後稍微擠出水分，再用紗布包起，放置於頭上。

羅漢果

羅漢果是只生長在中國的葫蘆科植物，據說對高血壓和過敏體質等多種症狀皆有效用。乾燥過的羅漢果可以在中藥行買到。

如何避免發展成重症？

醫療的根本在於養生、食養。只要養成這些習慣，就能避免大部分的病症發展成重症。請記住：「就算生了病，也不要變成病人！」

# 咳嗽、有痰的時候

咳嗽、甚至是咳出痰的時候，
就不要再碰芝麻、堅果、零嘴等。
高油脂的食物、料理法也應盡可能避免。
您還可以使用許多其他方法以進行治療，
例如食用蘿蔔或蓮藕泥、
飲用加糖熬煮的金桔汁等等。

🌸 咳嗽、痰就是要用蘿蔔跟蓮藕來對付！

★蘿蔔泥。這是基本中的基本。

★用湯頭、醬油、生薑稍微提味的燉蘿蔔

★蓮藕泥＋海蘊*＋少許醬油醋

★蓮藕泥＋蘋果泥，再加上鳳梨（罐頭鳳梨亦可）

★蓮藕泥＋2～3cm的蘆薈丁＋海蘊1～2中茶匙（用在痰出不來的時候）

★蘿蔔的種子叫做萊菔子，可用在健胃、祛痰等藥用上。

**咳嗽不要拖太久！**

咳嗽的時間一長，就會給喉嚨和氣管帶來負擔，相對地，在復原時就會需要更長的時間，所以千萬不要讓咳嗽拖太久。若一直沒好，還是應該儘早就醫。

**不要仰賴市售的止咳藥**

市面上賣的止咳藥，藥性大多出乎意料地強烈。您不會知道那些藥跟自己的孩子合不合得來，所以若真要吃藥，還是一定要去找醫生喔！

*註：一種附生於岩礁上的藻類，又稱岩藻。

## 🌸 咳嗽咳得很嚴重時的照護

●避免外出遊玩和洗澡，把臀部跟四肢擦拭乾淨就好。不過到了開始復原的階段時，適度的濕氣能減輕咳嗽症狀，所以要稍微洗一下澡，但也請注意不要讓身體太過疲累。

●咳嗽咳得很痛苦時，讓孩子坐起上半身，靠在座墊或枕頭上躺著會比較舒服。如果是嬰兒或較小的孩子，則把他直立抱起來順背。

順背

側躺

●睡覺前在胸口抹上淡淡的薄荷膏，孩子的呼吸就會順暢許多。
●記得讓孩子側睡，以免嘔吐物或痰卡在喉嚨裡。

## 🌸 感冒之外造成咳嗽的原因

除了支氣管炎、痲疹、肺炎、百日咳，其他還有很多非感冒所引起的咳嗽，所以請向您的家庭醫師好好問清楚。如果是副鼻竇支氣管炎，就要從鼻竇開始治療。

突然接觸到冷空氣或吸進灰塵時，也會發生咳嗽；三歲以上的幼兒在罕見的情況下，還會因為抽動障礙而導致咳嗽。

*註：又稱「地面櫻桃、燈籠果」屬茄科，多產於印加山亞馬遜河流域一帶。

其他推薦配方

★吃三、四顆加糖熬煮的金桔，再把湯喝掉。用柑桔醬加水也可以。
★琵琶葉煮水。顏色從紫紅變成粉紅後再飲用，可稍微加點砂糖、蜂蜜、羅漢果以增加甜味。
★稀釋浸過木瓜的蜂蜜後飲用。
★把酸漿果*（未成熟）烤到焦黑後，取出微量包在膜中服用。
★煎服紫蘇子、枸杞枝根之皮、地骨皮。

百日咳

跟咳嗽很類似，但不太會發燒，而是嚴重咳嗽長達1～2週。連續咳嗽之後經常需要大口吸氣。

哮吼症候群

如果咳起嗽來像金屬或遠方的狗叫聲，就叫做哮吼。這是由白喉、病毒、B型流感嗜血桿菌之類引起的。症狀嚴重時需要住院。

# 呼吸發出喘息聲

如果孩子發出絲絲的喘息聲，呼吸起來很痛苦
就鍛鍊一下他的肌肉。
每天洗澡時，用溫水和冷水交替沖洗他的身體。
如果家裡有哮喘的孩子，
最需要的就是一位可靠的家庭醫師。

避免冷飲

如果因為孩子感到很不
舒服，就讓他喝冷飲，
反而會對喉嚨造成刺
激，而咳得更厲害。所
以飲料應該要維持在微
溫的熱度。

多留意清晨的咳嗽

哮喘發生最劇烈的時
刻，通常不是身體大量
活動的白天，而是晚上
和清晨，所以孩子就寢
後也要多加留意。

### 🌸 嬰兒的先天性喘鳴多可治好

經常有一種狀況是，嬰兒明明沒有生病，喉嚨裡
卻一直卡著痰，呼吸時不斷發出絲絲聲。他們不會咳
個不停，不會嘔吐，精神跟心情看起來也很好。這種
小孩通常在出生八～十個月左右時可以痊癒，所以爸
爸媽媽不必太過擔心。另外，中藥也可以根治這種毛
病，關於這個部分，請向小兒科醫師諮詢。

感冒、吹風受涼時，如果呼吸會發出絲絲聲，就
有可能是「氣喘性支氣管炎」。這跟真正的氣喘不
同，不會產生呼吸困難，待支氣管炎改善後，症狀就
能大致解除。

### 🌸 鍛鍊皮膚也很重要

孩子洗完澡出來前，將浸過冷水的毛巾擰乾，把
孩子全身上下擦過一遍。過了一個月，孩子習慣之
後，再來挑戰用冷熱水交替沖洗身體。一開始從膝蓋
之下，漸漸往上延伸到全身，總共進行六次循環。最
後再淋上熱水，用浸過冷水的毛巾擦拭身體。

### 🌸 如果孩子有哮喘，要聽從醫師的建議

　　當過敏引起氣管緊縮，導致空氣不暢通時，就是所謂的哮喘。這是經常發作的疾病，呼吸時常會伴隨著「咻——咻——」或「絲——絲——」的聲音。

　　小孩子的哮喘（小兒哮喘）多從2～3歲時開始，因此最最重要的，就是能有一位值得信賴的家庭醫師。

### 🌸 若孩子有哮喘，該如何整理環境

●為了防止黴菌、塵埃、跳蚤等過敏原，生活要過的簡單一些。不要在家裡堆積太多東西，而且要敞開窗戶，用吸塵器仔仔細細吸過一遍。
●冬季白天室溫維持在19～20度，晚上則是16～17度；夏季室溫維持在28度上下，濕度一整年都以維持在50～55%為最理想。
●謹記頭涼腳熱的要訣，可以裝設溫暖腳部的地暖系統，或低溫的電熱地毯。不過要小心別讓孩子玩太久，以致發生脫水或低溫燙傷。

**食慾也會突然減低**

發生哮喘時，孩子的食慾也可能會大幅下降。如果真的吃不下，就不要勉強他，先補充水分比較要緊。

**棉被要保持清潔**

棉被容易成為黴菌、塵埃、跳蚤的溫床，所以天氣晴朗時就要拿去戶外曬，再用吸塵器仔仔細細吸過一次，不要讓跳蚤留在上面。此外，棉被不妨選用可清洗的材質，直接放進洗衣機洗。

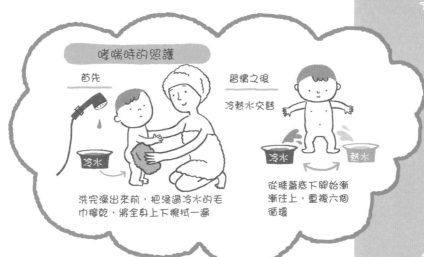

哮喘時的照護

首先

習慣之後

冷熱水交替

冷水

洗完澡出來前，把浸過冷水的毛巾擰乾，將全身上下擦拭一遍

冷水　熱水

從睡蓋底下腳開始漸漸往上，重複六個循環

33

# 流鼻水、鼻塞

不要以為流鼻水事小，還是要儘早採取措施。
總之，不要讓流鼻水影響到您的生活。
用溫的濕毛巾擦臉，可以讓鼻道暢通，
還能防止斑疹。

**濕紗布比衛生紙好**

如果用乾燥的衛生紙硬擦，會讓鼻下人中部位有刺痛感。把紗布浸泡溫水後擰乾再擦，就可以減少摩擦。

如何擤鼻子
嬰兒要用
吸鼻器
壓住一邊鼻孔，
一次吸出一點

鼻道不暢通時
用浸過溫水的濕毛巾擦拭
塗在鼻下部位

**鼻下發紅了怎麼辦？**

鼻子擤過頭，是有可能造成鼻下發炎的。在發炎之前，可以先塗一層橄欖油、嬰兒油、或薄荷膏。另外還可以用暖毛巾擦拭，或塗紫雲膏。

🌸 檢查鼻水的顏色跟濃度！

　　鼻水通常是由感冒、流行性感冒、痲疹之類的傳染病所引起，最近還多了花粉症這個因素。此外，突然從溫暖的室內來到寒冷的室外時，溫度和濕度上的落差也會引發噴嚏和鼻水。

　　如果孩子沒有什麼感冒症狀，卻動不動就流出液狀透明的鼻水，那就可能是得了鼻炎。

　　最近的嬰兒愈來愈常出現過敏性鼻炎，請父母們一定要多加注意。如果流出的是綠色、棕色、或黃色的黏稠狀鼻水，就有可能是副鼻竇炎，請帶您的孩子前往耳鼻喉科。

## 🌸 鼻水不能放著不管

鼻水、鼻塞嚴重時，會讓鼻子呼吸困難，而改以嘴巴呼吸。這樣對支氣管和肺部都是不好的。另外也會因此而出現腦袋昏沉、焦躁、注意力不集中等狀況。

不僅如此，鼻水在鼻腔內累積久了，會被粘膜吸收回去，但那需要滿長的時間才能痊癒。而且也有可能引發副鼻竇炎和中耳炎，濃稠鼻水在喉嚨打轉，還會造成扁桃腺炎和支氣管炎。

## 🌸 依照不同年齡和症狀，給予不同照顧

★嬰兒時期……嬰兒沒辦法自己擤鼻子，所以家長要用溫暖的濕毛巾擦拭臉頰，或是用吸鼻器吸出鼻水。使用吸鼻器時，要小心不能太過深入，以免傷到粘膜。

★2～3歲以上……讓孩子練習如何擤鼻子。壓住半邊鼻孔，一次輕輕擤出一些，小心別傷到耳朵。

★鼻水呈液體狀……這就代表身體發冷。在葛湯中加入少許的生薑汁跟黑砂糖，一天讓孩子飲用三次。

★鼻道不暢通……用溫毛巾多擦幾次臉頰，也可以在鼻孔附近塗薄荷膏，不過要小心別塗到眼睛、嘴唇跟嘴巴。

## 🌸 改善生活習慣，以恢復健康身體

如果想讓鼻水恢復正常狀態，就必須努力提昇免疫力、注重食養及環境清潔。如果發覺孩子經常流鼻水，就要重新檢查平時的生活習慣了。

### 膿胸與副鼻竇炎

一直以來，如果黃色的濃稠鼻涕流個不停，大家就會懷疑是不是有膿胸。現在更常講的是「副鼻竇炎」，所以要先記清楚喔！

### 副鼻竇炎還有急性與慢性之分

感冒引起的多是急性，而且情況時好時壞，但經常會轉變為慢性。慢性化的副鼻竇炎有時就會稱作「膿胸」。

### 少吃甜食及太鹹的食物

少吃加了巧克力、白砂糖的甜點、麻糬、糯米，以及醃製鮭魚、鱒魚這類容易化膿的食物，多吃清燙、蒸的蔬菜。

# 流鼻血

首先要冷靜下來，
讓身體躺平，把頭抬高，
用冰毛巾輕捏鼻子兩側，加壓止血。
維持5～15分鐘，
止血後就可以慢慢鬆開，
然後讓孩子躺著休息。

**鼻血大約5分鐘就會止住**

流鼻血總是會讓人嚇一跳，不過若做好緊急處理，並躺下來好好休息，大約5分鐘左右就能止住。要是鼻血一直沒停，就請趕快就醫。

**不要玩鼻子**

小孩子很喜歡玩自己的鼻子，經常用手往裡面一摳，就流出鼻血了，所以請家長要多加注意。如果您的孩子玩起鼻子，就跟他說說話，轉移他的注意力吧。

## 小孩是很容易流鼻血的，所以不用擔心

鼻腔內的粘膜佈滿了微血管，所以發生碰撞或用手指戳到時，就很容易出血。

另外，感冒之類引起的鼻腔發炎、過敏性鼻炎導致充血時，一點點的刺激也可能造成出血。還有，不論是大人或小孩，身體疲勞時，止血能力就會下降，這也會造成流鼻血的原因。

如果是女性，生理期來時也有可能會鼻出血。

如果次數不是很頻繁，就不用太擔心，冷靜地幫孩子止血吧。

## 什麼時候需要擔心？

★從高處落下撞到頭而流出鼻血。

★總是反覆流鼻血，而且每次的量都很多。

如果是以上這兩種情形，就趕快帶孩子去醫院吧。

經常性出血就有可能是慢性貧血；在非常罕見的情況下，也可能是血液裡有什麼疾病。

## 🌸 緊急處理步驟

①讓孩子靠在膝蓋上，把頭抬高。這點很重要，因為若放低頭部，會讓鼻血往裡面流，而導致想吐。

②用冰毛巾輕壓鼻子兩側5～15分鐘，記得要讓孩子能維持呼吸。如果還是覺得不舒服，就告訴他用嘴巴呼吸。

③若出血量多，用浸過食鹽水的脫脂棉花加壓於鼻孔外側，止血後再小心取出棉花，小心不要刺激到粘膜。

※如果還是無法止血，就應前往耳鼻喉科。

●為了保險起見，流鼻血的那天就不要泡澡了。身體變熱後是有可能再出血的。止血後三個小時，可用淋浴的方式稍微洗一下澡，不過要注意頭部不能朝下。

※出血量多的時候

脫脂棉花
食鹽水
用冰毛巾捏住鼻子
抬高頭部
伸入鼻子加壓止血

## 🌸 這些食物可以預防流鼻血

★蓮藕有止血效果，將生蓮藕磨成泥，用3～4大茶匙的黑砂糖等調味，再加入鹽、熱水讓孩子飲用。

★力行日式、少量（約7～8分飽）、蔬食為主的飲食習慣，少碰高油脂、重鹹、有刺激性的食物和甜食，以免血液衝到腦部。

上而下撫摸頭部

像梳子一樣從上而下撫摸孩子的頭部，讓血液往下流，血壓也容易下降。

流鼻血的原因

●第一種原因…受傷、撞傷等局部傷害…前往耳鼻喉科
●第二種原因…疲勞、沒體力…前往內科、小兒科
●第三種原因…血液方面的問題…前往內科、小兒科

容易疲勞的小孩

體力不好、四肢煩熱、小便量多的孩子較容易流鼻血。所以先找中醫師諮詢，想辦法讓他增進體力吧。

# 噁心、嘔吐

感到噁心、想吐的時候，
用溫番茶或焙茶加點日本梅乾試試看。
這樣可以讓腸胃舒服很多喔！
或是常溫的嬰幼兒適用的電解質飲料也可以。
睡覺時務必讓孩子側躺，
以免嘔吐物卡在喉嚨裡。

算一下小號次數

脫水時，小便次數會急遽減少。如果一天還有5～6次，應該就沒有脫水之虞。不妨以這個數字作為參考。

嘴巴附近要擦拭乾淨

孩子嘔吐之後，可以用沾濕的紗布輕輕擦拭嘴巴附近。如果有嘔吐物殘留，那種味道可能會讓孩子再次感到噁心。

## 嬰兒很容易嘔吐

開始哺乳後，嬰兒常常打一個嗝，就會把剛才喝的東西通通吐出來。這是因為他們的胃發育得還不是很健全，像日本酒的酒瓶一樣細長狹窄，又不容易閉牢。如果他們吐過後立刻舒暢許多，就不需要擔心了。

※但如果孩子經常嘔吐，體重又沒什麼增加，就必須去小兒科看診。

## 幼兒階段也會經常嘔吐

進入幼兒階段，還是有很多因素會導致嘔吐，例如引起腸胃不適的病毒性感冒、太熱或太冷、疲勞造成的腸胃機能下降、吃太多、喝太多、食物中毒……等等。

當您的孩子臉色不佳、全身無力、排尿量少、不怎麼喝水、吐出黃色或綠色汁液、甚至帶血時，就要馬上帶去醫院檢查。

## 想吐的時候要如何飲食

★在微熱的的番茶或焙茶中放入梅乾，再加些黑砂糖增加甜味，有助於腸道吸收。梅乾本身就有讓腸胃舒適的效果。

★可飲用嬰幼兒用的電解質飲料，或稀釋過的成人運動飲料也可以。不過這些飲料偏甜，注意不要讓孩子喝太多。

★進食量為平常的一半。避免生、冷、多油，並選用容易消化的食物。若孩子沒有食慾，可以一餐不吃，不過要補充大量的水分。

★乳製品會引發噁心感，所以不可食用。

自體中毒的照護

運動飲料　糖分　五苓散濃縮顆粒

用湯匙慢慢喝

※此種飲料偏甜，小心不要飲用過多。

## 🌸 側躺時右側朝下

就跟發燒頭痛時相同的道理，讓孩子用側睡方式躺著，以免嘔吐物卡在喉嚨裡。右側朝下可以減輕胃部壓力。大人胃痛要躺下休息時也是如此，所以把這方法記起來吧。

## 🌸 這些情況就需要擔心

★如果從高處摔落之類，造成頭部受到撞擊，可能會在幾小時或幾天後發生嘔吐。這時一定要緊急送往腦外科做檢查。

★得到髓膜炎、腦炎，造成腦壓升高時，偶爾也會嘔吐。此時，孩子會出現頭痛、痙攣、意識障礙、表情改變等症狀，必須立刻送去醫院。

什麼是「自體中毒」？
澱粉分解不完全所引發的疾病，症狀包括全身無力、劇烈嘔吐、昏睡等，排尿次數和尿量的大幅減少也同樣令人擔心。這種疾病通常會用葡萄糖點滴治療，如果是中醫，則會開立人參湯或五苓散（人參五苓散）的處方。

腦震盪
頭部受到強烈撞擊，而引起的短暫神經麻痺。發生腦震盪時，應該要躺下來冰敷頭部，盡可能不要動到身體，完完全全休息至少一個小時後，再立刻送去醫院。接下來的一個星期也要密切注意。

39

# 腹痛

腹痛的原因有很多種，不過情況緊急時，
可以先用灌腸來做緊急處理。
如果原因單純來自於便祕，
這樣就能輕鬆解決。
如果是因為發冷，
就不要一直餵孩子吃食涼的食物。

胃腸為「裡」

東方醫學把胃腸視作
「裡」，認為是身體的
中心，也是最重要的部
位，所以好好對待它是
非常重要的。

## 腹痛的原因

●便祕　●腹部累積太多氣體
●腸扭轉、腸套疊（＊）　●上吐下瀉的腸胃炎
●自體中毒之類的代謝障礙　●盲腸炎、腹膜炎
●精神上的壓力　●發寒　●感冒

＊幼兒的腸套疊大多可用灌腸來改善。如果其中有摻
血，就要趕快送去醫院檢查。

## 增加腸內的好菌

　　為了避免腹部動不動就出毛病，我們必須讓體內
的細菌好好工作。

　　我們的腸道中住著很多細菌，其中又分為對人體
有益的菌（益生菌），和對人體有害的菌（壞菌）。
益生菌能夠改善腸道，有助於食物的消化吸收，防止
便祕和腹瀉，所以增加這種細菌的數量，能讓腹部更
強壯。

　　近幾年來，愈來愈多的細菌對抗生素產生抗藥
性。不過，只要提高益生菌的數量，就能增強身體免
疫力，讓抗藥菌不容易在體內滋生。

## 🌸 灌腸的方法

如果孩子突然腹痛，哭得像是被火灼傷，痛苦得抱著肚子打滾，就趕快先試試看灌腸。灌腸的標準步驟如下：

①市售的成人用灌腸劑其實只有半滿，所以也適用於小孩。
②用衛生紙壓住肛門三分鐘。

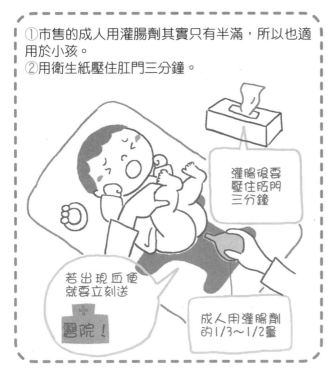

灌腸後要壓住肛門三分鐘

若出現血便就要立刻送醫院！

成人用灌腸劑的1/3～1/2量

※出現血便時，可能是腸套疊（一段腸道套進另一段腸道，導致腸梗阻）或腸扭轉（腸道扭轉），所以要儘快送醫。

## 🌸 疼痛期間避免食用優格

消化能力低落時再食用優格，會讓症狀更加惡化。如果孩子沒有腹瀉或嘔吐症狀，然後又真的很想吃，就用豆漿＋天然甜味劑＋少許天然醋做成豆漿優格（參考109頁）給他吃吧。

**發寒時要吃雜燴粥**

發寒導致腹痛時，就不要再吃寒性、高油脂食物和蘋果之外的水果。用無農藥米煮一鍋熱熱的粥或稀飯，讓腸胃好好休息。

**日本梅乾的妙用**

日本梅乾也有整腸效果，所以平時不妨多吃一些。

# 腹瀉

為了避免引起脫水，
用微溫番茶、嬰幼兒適用的電解質飲料
以少量多次的方式讓孩子飲用。
如果想喝果汁，只能喝稀釋的蘋果汁。
狀況不好時要停止進食，
並儘量補充大量水分。

## ✿ 以「平時」的樣子做判斷基準

　　腹瀉指的是排便中含有過多水分。出現這種症狀時，每天排便次數會增加，不過就算隔幾天才排便一次，只要當中水分過多，就算是腹瀉。

　　發生腹瀉時，如果身體狀況跟平時沒有多大不同，精神良好，沒有發燒、嘔吐等其他症狀，小便量和次數也很正常，就可以先多觀察一兩天看看。

## ✿ 照顧好臀部

●如果症狀就只有腹瀉，那還是可以洗澡。把身體清洗乾淨，然後弄得暖呼呼的。
●要換尿布時，就順便在臉盆裡裝溫水，幫嬰兒清洗一下臀部。這也可以防止肌膚發炎。使用熱水稀釋過的綠茶或番茶，會更有效果。
●如果嬰兒的臀部通紅，清洗乾淨之後可再塗一層紫雲膏。

溫熱的水

**注意小便和嘴唇是否有乾裂**
嬰幼兒如果腹瀉不斷，是有可能會導致脫水的。若小便出不來、嘴唇乾裂、哭不出眼淚，就代表事情嚴重了。還是趕快去醫院就診吧。

**冬天的病毒性感冒**
諾羅病毒、輪狀病毒進入體內後，容易引發腹瀉、嘔吐等症狀。這種感冒特別容易在冬天發生，請務必多加留意。

## 🌸 如何補充水分

多讓孩子飲用番茶，或嬰幼兒適用的電解質飲料（注意不要過量）。如果要喝果汁，就用稍微稀釋過的蘋果汁。這些飲料最好都先溫熱一下。

## 🌸 推薦的養生食品

★蘋果泥……蘋果具有整腸效果，對腹瀉和便祕都很有用。直接把常溫下的蘋果磨成泥即可。

★葛湯……在熱開水中加入一大茶匙的葛粉攪拌均勻，再用黑砂糖調味。

★山藥蘋果……把一整顆蘋果磨成泥，再加入等量的山藥泥和一顆搗碎的去籽日本梅乾攪拌均勻，放進蒸鍋或微波爐蒸。

★牻牛兒苗（*牻：老鸛草）……煎煮後加點鹽味，再慢慢飲用。（有些苦味）

沒有食慾的時候，就不要勉強孩子進食。肉類、魚類、豆腐、蛋之類的蛋白質和乳製品、高油脂食物一概禁止給孩子食用，只要吃些少量的稀飯或粥就好。麵包會在肚子裡發酵，所以也應該避免。

葛湯　山藥蘋果

黑砂糖

葛粉

磨成泥

跟蘋果等量的山藥搗碎的日

本梅乾也可！

吃快趁熱

**平常吃得簡單些**

腸胃功能差，容易腹瀉的孩子應該以日式、粗食、蔬食、少量（七～八分飽）為主，儘量減少高油脂食物。注意別吃太多，還要細嚼慢嚥。

**不同口味的稀飯**

我個人是會在韭菜或糙米稀飯中加些梅乾。韭菜記得切碎一點。

**檢查排便**

如果糞便像淘米水一樣白濁，或是呈暗黑色、摻有血液或黏液，就要立刻帶去醫院檢查。若伴隨發燒或嘔吐等症狀時，也必須要就診。

# 便祕

多吃蔬菜以及蕃薯之類高纖維的食品，
還要多多運動。
用手掌在肚臍周圍繞圈按摩，
可以排出累積的氣體，讓身體輕鬆許多。

**維持規律的生活**

早睡早起、三餐正常是健康的不二法門。養成規律的生活後，排便自然也會變得有規律。

**山椒種子**

山椒的種子（乾燥過或佃煮〈註：用砂糖和醬油將魚貝、海菜熬煮得味道較濃的日式小菜〉皆可）有整腸效果。每天服用3～5顆（大人10顆），不用咬，直接吞下去，也能達到治便祕的效果。

🌸 只要排便順暢，三天一次也沒問題

　　糞便硬化而排不出來的狀態，就稱作便祕。有些孩子是一天排便一次，也有些孩子是兩天一次。只要糞便軟硬適中，能夠順暢地排出體外，就算三天一次也不用擔心。

🌸 便祕大致可分成兩種

　　小孩子的便祕大致有兩種。一種是腸壁力道不夠，無法藉由蠕動把糞便推出去的「弛緩性便祕」，另一種是因為壓力讓腸壁攣縮，造成動作遲鈍的「緊張性便祕」。不論是哪一種便祕，最好都不要用藥物解決，而是從改善平時的飲食和生活習慣做起。

🌸 有效解除便祕的食材（儘量選擇無農藥的）

　　★蕃薯……蕃薯粥或蕃薯飯都很不錯。

　　★豆類……以納豆為首，其他還有大豆、紅豆等等（注意：吃太多會腹脹）

　　★青菜……菠菜、小松菜、茼蒿等等。

　　★海藻……昆布、裙帶菜、羊栖菜等等。

　　★白米以外的主食……五穀米、胚芽米、發芽米、糙米等等。

※減少高油脂食物和肉類的量。

※高糖分的清涼飲料、水果、放很多食品添加物的加工食品、刺激性食物等，都要注意別攝取過量。

### 🌸 生活習慣也很重要！
●多做運動……為了促進腸胃蠕動，就要儘量活動身體，所以不妨多多外出遊玩。
●別讓孩子憋著……要求孩子每天在固定時間排便，會形成一種壓力。所以當孩子想大號的時候，就要隨時帶他去廁所，還要讓他養成外出前和出門在外，都能自然排便的習慣。

### 🌸 按摩腹部，讓孩子更舒暢！
●用手掌在肚臍周圍順時鐘繞圈，輕輕幫孩子按摩。
●按摩之前，先塗一層薄荷膏會更舒服。

用手掌在肚臍周圍順時鐘繞圈

可以塗上一層薄荷膏來按摩喔！

還有一種方法：在臉盆裡裝滿水，滴進薄荷水，把毛巾泡進去後拿出來擰乾，放到孩子的腹部上，再用塑膠包巾覆蓋成為「薄荷濕布」。動完手術後，腸胃因為麻醉藥而無法正常活動時，醫護人員經常會使用這個方法。

有沒有天然的瀉藥？
柿子乾、日本梅乾之類的乾燥水果、蘆薈、醋拌涼菜、豆漿優格等，就是我的天然瀉藥。各位不妨挑選適合自己的食物，來取代藥物看看。

一天十次腹式呼吸
把身體拉直，讓腹部膨脹再收縮，一天至少做十次以上。

一天十次肛門呼吸
平時就練習把肛門收緊、放鬆、收緊、放鬆。這個動作看起來就像是肛門在「呼吸」。一天至少做十次以上。

# 耳朵痛

在民間的居家醫療中，有一種很常見的方法，
是拿脫脂棉花沾虎耳草葉片的汁液，放入耳中。
魚腥草、琵琶葉也有相同功效。
另外，將芋頭磨成泥做芋頭軟膏，
用在濕布上也很有效果。

**聽不清楚時**

人類透過耳朵聽到聲音，藉以學習語言。若聽不清楚，就會喪失學習說話的機會。所以要多注意孩子的聽力是否有問題。

## 🌸 耳朵發痛時的居家照護

●充分睡眠，讓身體好好休息。
●睡覺前在冰枕上包一條毛巾，讓耳根貼到上面。不過小心不要冰過頭。
●避免食用甜食、麻糬、鮭魚、鱒魚等容易讓化膿惡化的食物。

## 🌸 感冒過後要小心中耳炎

中耳炎是感冒病毒或細菌從鼻子、喉嚨進入中耳，讓耳朵粘膜發炎、化膿的疾病。

發生中耳炎時，醫生都會開抗生素來治療。症狀減輕之後，發炎會立刻退去，讓病患產生「我痊癒了！」的感覺。不過這個時候還是不能隨便停藥。如果抗生素只吃到一半，不僅沒有辦法把病完全治好，還會讓細菌產生抗藥性，甚至引發其他細菌的感染。

耳膜內側積液，造成聽力下降的滲出性中耳炎也要非常小心，所以一定要把藥全部吃完。

**清耳垢**

棉花棒沒有辦法清得很乾淨，所以會不自覺地往深處挖。這對小孩子來說，是很危險的，因此還是交給耳鼻喉醫師處理吧。

### 🐾 其他疼痛的原因

按拉耳朵如果會痛，除了中耳炎之外，還有可能是外耳炎、扁桃腺炎、咽喉炎、鼻炎等。

小孩子的外耳道很容易受傷，幫他們清耳朵時，千萬要非常小心，別挖得太深入。最安全的做法，就是請耳鼻喉科的醫師處理。

**不要在耳邊大聲說話**

在耳邊大聲說話，有可能會傷到耳膜。所以要罵人的時候，注意不能對著耳邊罵，而是要在看得見對方眼睛的位置。

### 🐾 耳朵在夜裡突然發痛的處理方法

●快速清洗一下虎耳草的葉片，把水珠按壓乾淨後將汁液擠出，用脫脂棉花或滴管吸取後滴入耳朵。用魚腥草、琵琶葉也可以。
●還可以用芋頭做成的軟膏濕布（參考第51頁）。把軟膏大量塗在紗布手帕上，包起來貼於耳朵後。小心不要直接接觸到肌膚。

**虎尾草**

生長在沼澤沿岸岩石裸露處，濕氣重、日照又不會太多的地方。也可以種在院子前面，常被用來當作民間藥品。拿來炸天婦羅也很美味喔！

虎耳草　擠出汁液　發痛的耳朵要朝上　琵琶葉也可以！　脫脂棉花

**交給熟悉的耳鼻喉科醫師**

除了幫忙清耳朵外，如果家中嬰幼兒的鼻子、喉嚨有點感冒症狀，也可以去耳鼻喉科看看；不能擤鼻子而不舒服的時候，也可以請耳鼻喉科醫生幫忙把鼻水吸出來喔！

### 🌸 也有可能是腮腺炎

耳根腫起時，就有可能是得了腮腺炎。不過可能還有其他原因。舉例來說，喉嚨發炎會影響到耳朵，耳朵周圍起濕疹、耳垂受傷時，也會讓耳根腫起來。根據不同的原因，就有不同的治療方法，所以不要自己下判斷，還是趕快就醫吧。

# 耳朵出膿

感冒過後耳朵如果出膿，就有可能是中耳炎。
耳朵發痛、但是沒有出膿時，就把痛的一邊朝上；
若出膿，就把那一側朝下，
然後以側睡姿勢躺著。
醫師開的抗生素，
一定要吃到完喔！

## ❀ 要先打造出不容易受到感染的身體

有許多孩子很容易感冒，感冒了又很容易引發中耳炎。如果想改善他們的身體，就要在飲食方面多加留意。食用的米飯要以無農藥的糙米為主，同時採取日式、蔬食、少量（七～八分飽）等方式，還要讓孩子多吃海藻，豆類跟小魚也不可少；少吃甜食和高油脂食物，另外還可以多喝些蔬菜汁。

早睡早起、多到戶外跑跑跳跳也很重要。

在中醫療法中，有一些預防中耳炎的處方。不妨利用這個機會試試看能夠改善體質，並從體內治療起疾病的方法！

## ❀ 耳朵出膿時的照護

出膿的一邊朝下

●會痛的耳朵要朝上。
●會出膿的耳朵要朝下，採側睡姿勢。
●在耳朵下面墊毛巾或紗布，髒了就要馬上更換。
●耳朵附近沾到膿的地方，用溫毛巾或棉花棒輕輕擦拭。耳朵內部則不要隨便碰，要交給醫師去處理。

勤加更換
棉花棒
擦乾淨
溫毛巾

夏天在游泳池游泳時要多注意！

在不乾淨的游泳池中游泳，很容易感染眼睛、鼻子跟耳朵的疾病，黴菌也會從泡脹的皮膚毛孔中侵入，所以要特別小心。

洗澡的時候

不要讓水直接沖進耳朵。裡面的汙垢會被水泡脹，而把耳朵塞住。

## 醫生常開給
## 小孩的中藥

中藥

中藥有那麼多種類，若不是經驗老到的人，

應該不會知道要選哪一種吧。

請務必要向專業醫師或專門的中藥行清楚說明自己的體質，並且諮詢清楚。

那麼，我就在這兒公開常給小孩服用的中藥，

在跟醫師諮詢時也可列入參考喔。

## 小建中湯

用於體質虛弱、容易疲勞、氣色不好、腹痛、四肢燥熱、口乾舌燥以及頻尿和多尿伴隨的夜啼、幼兒虛弱體質、疲勞倦怠、慢性腸胃炎、腹瀉、便祕等，又特別常用於較小的孩子身上。

## 抑肝散加陳皮半夏湯

可壓抑興奮的神經，緩和緊繃的肌肉和抽筋，改善身心狀態，對食慾不振或噁心也有幫助，還適用於夜啼、尿床、小孩抽筋等。另外，也很常用在性情暴躁易怒的孩子身上。體質虛弱、腹部容易緊繃者也可考慮服用。

## 人參湯

提高腸胃功能，改善食慾不振、胃脹、胃痛、腹瀉等症狀。適用於容易著涼、瘦弱、沒有體力、腹部柔軟沒什麼力量的人。容易自體中毒者，可以跟五苓散混合成「人參五苓散」一起服用。

## 柴胡清肝湯

適用於會發熱的紅黑色濕疹，感受到壓力時會立刻惡化的人，以及患有異位性皮膚炎、容易焦躁、靜不下來的孩子。但是對腸胃不好的人容易造成腹瀉，所以不建議服用。

## 五苓散

這對小孩來說，是一份不可或缺的處方。它可以治療水分的停滯，讓水分代謝更順暢。從中醫的角度來看，當「氣、血、水」達到平衡、運行順暢，才算是健康的狀態。水分循環不好，就代表腎系統出了問題。

*請先向中醫的小兒科諮詢後再服用。

# 喉嚨痛

如果感覺喉嚨刺痛，就是典型的感冒症狀。
請讓孩子勤加漱口。
市面上有各式各樣的漱口水，
不過使用天然食材所製成的漱口水，
例如蒜泥或茶製成的漱口水，
用起來會比較安心。

🌸 學會這些漱口水的做法，就能有備無患

●蒜泥漱口水……取一瓣蒜頭磨成泥，灑上少許天然鹽，若有甘草粉就可以放個0.5g，加入250cc的熱水放置後，再以茶葉濾網過濾出的液體漱口。

●茶水漱口……在番茶、焙茶或綠茶中加入一小撮天然鹽，攪拌之後拿來漱口。

🌸 還可試試自古以來的民間療法

●把海蘊跟蘿蔔泥、少許蘆薈（如果是給小孩子吃，就要削皮切碎至2cm大小；如果是給大人吃，就連皮切碎至3～5cm大小）拌在一起食用。

●長蔥切碎後加入芥末，熬煮後用紗布巾包起，敷於喉嚨處。

●試試看「芋頭軟膏」。將芋泥、等量麵粉、約十分之一芋泥量的生薑泥攪拌均勻，包在紗布巾中，再圍到脖子上。用馬鈴薯也可以。市面上還有販售製作芋頭軟膏專用的粉末。

●將炒熱的鹽包起來圍在脖子上，同時再用臉盆裝滿水，加入一條切碎的紅辣椒泡腳。水位要高到腳踝以上。

濕布
☆ 長蔥
切碎
芹末
☆ 芋頭軟膏
生薑
芋頭
跟芋頭等量的麵粉
包進紗布巾

觀察喉嚨

感染溶血型鏈球菌（溶鏈菌）時，喉嚨深處會呈現一片通紅，用肉眼就能輕易看出。所以如果您覺得孩子不太對勁，就趕快看看喉嚨的樣子。這種細菌必須儘快用合成青黴素這類抗生素治療，因此，請及早帶您的孩子去小兒科吧。

## 🌸 注意室溫及通風

為了保護喉嚨，還要注意室內的溫度及濕度。

●老是待在有冷氣或暖氣的房間，對身體並不是一件好事。室內應該要保持良好的通風，以維持空氣新鮮。冷暖氣機內的塵埃和黴菌也要多加留意。如果可以，還是儘量過著自然的生活比較好。

●冬季白天的室溫要在19〜20度，晚上要在16〜17度；夏天則是28度上下。濕度要全年維持在50〜55％。不妨在屋內掛個溫度計和濕度計吧。

●跳蚤和黴菌都是喉嚨的敵人，所以室內一定要徹底打掃乾淨。

保持室內濕度

室內乾燥時，可以掛上一條濕毛巾。尤其是晚上睡覺時，不能讓房間太乾燥。

# 口腔疾病（口內炎、口角炎、鵝口瘡、咬破嘴巴）

如果是口內炎，
就用無農藥茶葉加鹽漱口；
若是口角炎就多吃蔬菜、
多喝液體葉綠素；
至於鵝口瘡則要用無農藥綠茶、日本獐牙菜粉末，
塗在患部上。

## ❀ 口內炎的有無是健康的指標

得病時，口中會出現紅色潰爛、生出一粒粒白色的水泡。其中又以中間發白，周圍呈2～5mm紅色的淺潰瘍為多，通常一個星期就會自然痊癒。這種潰瘍的療法如下：

● 用無農藥茶加鹽漱口、多攝取維生素B群、多休息。

● 避免吃得太燙、太冰、太酸，改吃容易入口的清淡食物，還要大量補充水分。

※麻疹、手足口病、疱疹性咽喉炎也有這種症狀，所以要檢查清楚究竟是單純口內炎，還是有其他疾病。

※口內炎時，最重要的就是徹底把造成此原因的疾病治療好。

## ❀ 口角炎時要多補充維生素

嘴角、上下唇連接處裂開或潰爛，就是所謂的口角炎。

這種疾病常發生在感冒、胃腸不好、營養攝取不均時，主要問題在於張開嘴巴時會感到疼痛。

●把綜合維生素溶到水裡讓孩子喝。大人的話就吃維生素B群。
●用吸管讓孩子喝蔬菜汁或市售葉綠素。
●讓孩子多吃蔬菜料理或蔬菜粥。
●嘴巴痛得張不開或很難刷牙時，可以用稀釋食鹽水漱口。

口腔疾病的照護

蔬菜汁

漱口

多休息

🌼 鵝口瘡也可以在家治療

　　鵝口瘡是由白色念珠菌增殖所引起的疾病，會在臉頰和嘴唇內側、舌頭等地方產生乳白色斑點。有些孩子身體狀況不好，吃了抗生素就容易出現鵝口瘡，所以請家長要多注意。如果孩子還在喝母乳，媽媽的身體狀況、吃的東西以及乳頭狀態也會有影響，所以必須小心謹慎。至於治療方法則如下：

●在熱水中加入無農藥綠茶、日本獐牙菜粉末，用紗布或棉花棒沾濕，塗抹在患部上。

※若細菌增加了將會很嚴重，如果真的不放心，還是儘快帶孩子去醫院檢查。

也讓孩子喝蔬菜汁

雖然大家普遍覺得蔬菜汁不易入口，但裡面含有豐富的維生素，對小孩子也很好。不妨加到粥裡試試看！

含有維生素B群的食物

B₁…豬肉、糙米
B₂…納豆、姬菇
B₆…沙丁魚、大豆
B₁₂…乳製品
葉酸…菠菜、蠶豆、毛豆

53

# 眼睛疾病

不要用手或指甲去摳眼屎，
而要用煮沸棉布或消毒棉花。
流行性眼疾會傳染給家人，
所以毛巾千萬不要共用，
使用後記得用沸水消毒。
還可以用乾淨浸濕的熱毛巾擦臉。

🌸 眼屎用擦拭的就可以解決

眼屎呈黃色膿狀，所以基本上是一種細菌感染。細菌從鼻子進入，透過鼻淚管感染眼睛時，就會出現這樣的症狀。要是一直沒有恢復，就一定要趕快去眼科看診。

**一次擦一邊的眼睛**

如果眼疾發生在單邊，會藉由不乾淨的手、使用過的毛巾或衛生紙感染，所以擦拭時要用乾淨的紗布等物品，一次清潔一邊的眼睛。

**眼睛眨個不停**

最常見的可能是抽動障礙。原因大多來自壓力和緊張，所以生活要過得輕鬆些，配合食養和養生，再加上長期的中藥治療，應該就可以治好。

眼睛疾病的治療

用煮沸的棉布
擦拭眼睛

用熱毛巾擦拭
整張臉

要用熱水消毒！

不能用手揉！

only

跟家人的衣物分開洗

將煮沸棉布或市售消毒棉泡過熱水擰乾，從眼角往眼梢擦去，若順利，一兩天就可以治好。另外，剛出生的小嬰兒本來就容易出現眼屎，所以不用太過擔心。

### 也有可能是過敏性結膜炎

過敏性結膜炎也是原因之一，關於過敏部分，可以參考本書第80頁。接受醫師的治療固然重要，但具備充足的睡眠以及食用粗食、蔬食以提高免疫力也是同樣的重要。

### 眼睛發紅時要儘速就診

結膜炎、痲疹、咽喉結膜熱、針眼、感冒、花粉症引起的眼瞼炎首重保持清潔，前往眼科看診也相當重要。這種疾病的居家照護方式如下：
● 參考「眼屎」（54頁）的項目，用煮沸棉布或消毒棉擦拭。整張臉也要用浸濕的熱毛巾擦乾淨。
● 流行性結膜炎跟咽喉結膜熱有傳染性，所以要準備一條個人單獨使用的毛巾，用完後還要用沸水消毒。

### 若眼睛周圍發紅、眼瞼紅腫，則有可能是針眼

眼睛四周如果發紅，通常都是過敏性結膜炎（包含花粉症）造成的。另外也有可能是針眼，所以還是儘快就醫為妙。治療方法則跟「眼睛發紅」相同。另外，營養不均也是原因之一，在飲食上要多吃蔬菜，維持營養均衡。

眺望戶外景色也很重要
住在水泥叢林裡的人們，平常幾乎是看不到綠色植物的。記得多看看遠方的綠色風景（森林或樹群），讓眼睛休息一下也是很重要的。

看電視、玩電動、打電腦要適量
看太多電視、DVD，玩太久電動或使用過久的電腦、手機都會讓眼睛疲勞、發紅、頻頻眨眼。目前研究還無法證實這跟電磁波毫無關連，所以也請多注意一下。

# 皮膚疾病① （幼兒濕疹、蕁麻疹、水皰疹）

在洗澡水中加入桃葉或魚腥草，可治濕疹。
洗完澡後，再用熱水稀釋天然醋，擦拭在皮膚上。
若是蕁麻疹，
將魚腥草和薏苡以1：3的比例煎煮成茶飲用。

最好將手以繃帶包好

若是會直接用手去抓癢的孩子，就要用對肌膚觸感好的繃帶將手包起來。繃帶要勤更換、洗濯，並以熱水及陽光消毒。

得水泡疹時的飲食

避免食用甜食、麻糬、鮭魚、鱒魚、醃漬的內臟類，讓孩子多吃些蔬菜、海藻以及醋拌涼菜食物。

🌸 若只是濕疹，就不要吃藥，而用藥草泡澡

我推薦用桃葉之類的藥草來泡澡。將日式手巾對摺，兩側簡單縫起形成袋子，放入新鮮葉片至少八分滿，或乾燥葉片至半滿，用整鍋開水熬煮後，再連同整個袋子加進洗澡水中。除了桃葉，使用蘿蔔葉、琵琶葉、紫蘇的地上部、苦瓜種子和葉片、番石榴、綠茶、魚腥草也很有效。

洗完澡之後，記得再拿熱水稀釋天然醋，把肌膚擦過一遍喔！

🌸 用魚腥草跟薏苡泡茶，治療蕁麻疹

蕁麻疹通常是由食物引起的過敏，其他還有疲勞跟精神上的壓力等因素。

如果您的孩子經常出現蕁麻疹，可以將魚腥草跟薏苡以1：3的比例煎煮，取出上半部清澈的部分當做茶湯，讓孩子每天飲用。記得要趁熱喝，其餘的可拿來泡澡。

🌸 如果是水泡疹，要讓皮膚保持乾燥

這在嬰幼兒間是很常見的皮膚疾病。剛開始時皮

膚會發紅，然後就漸漸地起水泡發癢。

　　有些孩子沒有免疫力，光是一個夏天就會發作好幾次，還有的孩子每到夏天就會發病。最近甚至出現抗生素已經不管用，以及症狀拖很久都無法痊癒的案例。以下是父母們要注意的事項：

●不要用手抓被蚊蟲叮咬的地方，而要拿濕布沾未稀釋的天然原醋，覆蓋在傷口上。
●用稀碘酒之類的藥水原液消毒傷口，再以清水沖洗。
●勤加洗澡、泡澡。若是在手部就用醋水刷洗。
●拿毛巾輕輕壓住身體，用吹風機吹乾皮膚，小心不要燙傷小孩。毛巾用過一次就要泡開水消毒，其他人也不能使用。
●讓孩子飲用治療水皰疹的中藥。如果還是無法治好，就使用抗生素藥膏。但請避免使用含有類固醇的藥膏。

水皰疹的治療方法

消毒

勤加洗澡、泡澡

用開水消毒毛巾，並且分開清洗

抗生素藥膏

輕輕拍打發癢的地方

用手一抓，黴菌就容易進入傷口，所以發癢的地方要用手輕輕拍打。光是這個動作，也是有可能治好的喔！

使用稀碘酒之前

請先確定孩子是否對碘過敏。

# 皮膚疾病② (尿布疹、<br>痱子、凍瘡)

身體保持清潔，不要殘留水氣，
還要注意通風。
勤加更換尿布，不要讓臀部悶在裡面。
衣服選擇100％純棉的。
長凍瘡時可用辣椒水促進血液循環。

**用夏季蔬菜治痱子**

孩子長痱子時，就讓他
吃一些常溫的西瓜、鳳
梨、番茄、茄子之類的
蔬果。這些蔬果可以帶
走體內的熱氣，但注意
不能吃過量。

**汗要輕輕擦拭**

就算是用濕毛巾，也要
輕輕擦拭。摩擦太大力
是會讓痱子惡化的。

## 🌸 尿布疹不需靠藥物治療

我無法接受使用類固醇藥膏來治尿布疹跟痱子。
只要保持肌膚清潔，照理講就足以讓疾病痊癒了。以
下是治療尿布疹的重點：

> ●最重要的是仔細清洗臀部。使用煎煮過桃葉的
> 水會更有效果。
> ●嚴重潰爛時，可煎煮無農藥綠茶或日本獐芽菜
> 至一般飲用的濃度，用那一鍋水清洗孩子的臀
> 部，之後再擦上紫雲膏或痱子粉。

### 🌸 用醋水擦拭肌膚，治療痱子

長痱子的孩子可依循以下的方式幫他們洗澡：

● 用桃葉和苦瓜種子、葉片分別煮水，然後再用那鍋水來洗澡，並擦在身上。其他如琵琶葉、蘿蔔葉、紫蘇的地上部、魚腥草也可以。
● 洗完澡出來時，用水將天然醋稀釋5～6倍後擦拭身體，然後再擦上紫雲膏或痱子粉。

稀釋5～6倍
醋
擦拭
100%純棉

※內衣褲、睡衣、外衣選用寬鬆的100％純棉製品。在容易流汗的天氣裡，與其穿無袖背心，有袖子的衣服至少還能吸收腋下的汗水。

※盡可能不要把自己弄得汗流浹背，不過若室內冷氣太強，身體也會受不了。所以記得將濕度維持在50～55％左右。

### 🌸 長凍瘡時重點在於要先改善血液循環

天氣寒冷會造成手腳末梢的血流不順、皮膚乾裂、紅腫發癢等症狀。以下是改善血液循環的方式：

● 好好泡個熱水澡暖和身體。
● 在臉盆裡裝滿40度左右的水，放進一根紅辣椒，讓患部浸泡10～12分鐘，就能產生效果。但有傷口的皮膚泡進去會產生刺痛，所以不宜使用。泡完後再用紫雲膏一邊塗抹一邊按摩。

紫雲膏
塗抹
浸泡10～12分鐘
40℃

**讓孩子穿襪子**

雖然說讓孩子打赤腳比較好，但長凍瘡時要另當別論，還是讓他穿上襪子吧。向托兒所的工作人員打聲招呼，他們也會幫您注意孩子腳部的保暖。

**凍瘡就靠這些來治！**

芋莖、大蒜、生薑、羊栖菜、紅辣椒……等等，多攝取一些能促進血液循環的食材吧！

**推薦的中藥**

據稱可以緩和凍瘡的中藥，有當歸四逆加吳茱萸生薑湯、桂枝茯苓丸料。凍瘡是因為靜脈血流不順而產生的，只要改善就能治好。

# 燙傷、曬傷

總之，儘快急救就對了。
受傷部位要用冷水持續沖20分鐘，
如果患者不會對酒精過敏，
就用消毒酒精或燒酒之類度數高的酒，
浸泡受傷部位20～30分鐘。
（如果孩子的皮膚較脆弱，要先進行斑貼試驗。）

### 🌸 燙傷急救的原則：冷卻＋消毒

孩子動不動就會打翻熱騰騰的味噌湯，或是摸到正在使用的熨斗而被燙傷。從皮膚出現紅斑到產生碳化，燙傷可分成四種等級。但不論是哪一種等級，急救方法都是一樣的。

**避免小孩被燙傷**

在電暖器上加裝隔離網，防止小孩不慎摸到。咖啡機跟電鍋的電線要收在小孩拿不到的地方。吃飯時，也要注意別把熱湯放在小孩旁邊。

**情況嚴重時，也是採取相同的方法**

如果燙傷嚴重到需要叫救護車，等待救援抵達的期間，一樣要採取冷卻跟消毒的措施。而後續的治療方式則有所不同。

● 第一步是冷卻受傷部位，沖冷水或敷冰塊都可以。如果是隔著一層衣服遭到燙傷，就連衣服一起冷卻。

● 如果患者沒有對酒精過敏，沖過冷水後再將燙傷部分泡進消毒酒精、威士忌等度數高又不甜的酒，時間約20～30分鐘。如果不能用這個方法，就在燙傷部位蓋上毛巾，然後再淋酒精。用自然原醋代替酒精也可以。

浸泡酒精

消毒酒精　威士忌　燒酒

高度數的酒

紗布　酒精

酒精　or　食用醋

浸泡20～30分鐘

### 🌸 皮膚紅腫的程度

●沖水、浸泡酒精（酒精貼）之後，在紗布上大量塗滿紫雲膏，並覆蓋在燙傷部位上，用繃帶固定，不要使用油紙。第二天之後就不需要再消毒。

●如果燙出水泡，要拿燒熱消毒過的針頭挑破兩三處，讓水流出來後，再用脫脂棉花擦拭，接著蓋上紗布。注意不可以把皮剝掉。

大約經過一個星期，等傷口乾燥，一層白色的薄皮剝落後，就可直接在燙傷部位塗抹紫雲膏，一天三到四次，直到皮膚顏色恢復得跟周圍一樣為止。

※自行在家處理時，也要聽從醫師的建議。如果燙傷部位發痛發熱，就應立即就醫。

※如果是被熱飲燙傷粘膜、食道、內臟，或是大範圍的燙傷，就要在第一時間立刻送醫。

### 🌸 曬傷跟燙傷一樣要立即治療

曬傷部位冷卻之後，可以採取以下任何一種方法：

●將蘿蔔或黃瓜磨成泥，塗抹於曬傷部位。

●用冷水將醋稀釋十倍，拿紗布或衛生紙浸泡後，貼附在曬傷部位。經過一段時間，當不再感到冰涼時，再用濕毛巾按壓擦拭。

●將蛇莓、小連翹、琵琶葉、蘆薈葉浸於燒酒，放置在陰涼處，萃取出精華後塗抹於曬傷部位。

五月的日曬很強烈

雖然盛夏季節的日照很毒辣，不過紫外線最高的時期則大多是在五月。所以從春天開始就要做好防曬工作。

夏天到海邊記得帶遮陽傘

盛夏在海邊遊玩時，不要長時間直接曝曬在陽光下，最好能使用海灘傘來做遮蔽。

# 擦傷、割傷、刺傷

在戶外遊玩，受傷擦破皮時，
傷口上會附著砂土之類的東西。
治療的第一步是用清水沖掉髒汙，
再擦乾水分消毒，傷口記得要保持乾燥。
被東西刺傷時，用鑷子拔出刺傷物，若東西較小，則
改用針頭挑除，
然後用棉花棒沾消毒藥擦乾傷口。

## 🌸 擦傷時要注意清潔、保持乾燥

●先用清水沖掉沾染的泥沙。
●用乾淨紗布按壓，吸乾四周水分，再用酒精、稀
碘酒消毒。使用前記得先確定孩子是否對碘過敏。
●傷口上不要覆蓋任何東西，讓它自然風乾。如果
會出血，就覆蓋乾淨紗布，等止血後再自然風乾。
每天要消毒傷口一次。

應該乾了吧？

要是傷口遲遲沒有止血（或水分等）、積聚黃色
膿液，就用紫黃膏塗在紗布上，覆蓋於傷口。這樣可
以有效止住化膿。
※紅腫等化膿情況嚴重時，就要儘速就醫。

**會爬行的嬰兒要穿上護膝**

隨著嬰兒爬愈爬愈快，膝
蓋就有可能被地板磨破
皮。所以讓他穿上護膝
或蓋到膝蓋以下的褲子
吧。

**什麼是紫黃膏？**

這是中藥的消膿藥膏。
內含黃柏、紫草、黃
蓮、黃芩、大黃等成
分。

## 🌸 如果被割傷了，記得要先止血

●儘快用清水沖洗，不需要消毒。血液湧出時，自然會把黴菌跟髒汙沖出去。

●如果還是不放心，就要用稀碘酒或酒精消毒。記得先確定孩子是否對碘過敏。

●在紗布塗滿紫雲膏，覆蓋到傷口上，再用透氣膠帶或繃帶讓傷口密合止血。如果血一直止不住，就把繃帶包緊加壓，待血止住後再鬆開。紗布和繃帶要記得每日更換。

●傷口深及動脈時，血就不容易止住。如果是這種情況，就要儘快就醫。

紗布

紫雲膏

記得先止血！

這些情況要送醫

被生鏽的刮鬍刀或菜刀、舊釘子、玻璃、樹枝、貝殼割傷，而使傷口沾染上砂土時，有可能會造成細菌感染，或傷到神經血管。

如果傷到臉部……

如果傷到頭部或臉，為了不要留下疤痕，一定得先送去醫院接受適當的處置。

## 🌸 被刺傷的時候

●用鑷子把刺傷物拔除乾淨，再用稀碘酒消毒（注意碘過敏），讓傷口自然風乾。

●如果異物拔不出來，就用濕布沾醋覆蓋，待傷口泡開後再行拔除。

●如果是被小東西刺傷，就用火燒熱針尖，從根部把物體挑出。

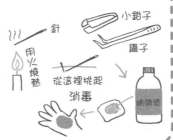

小鉗子

針

鑷子

用火燒熱

從這裡挑起

消毒

稀碘酒

# 被蜜蜂螫傷、
# 被動物咬傷

不光是虎頭蜂，只要被蜂類螫到，
都有可能危及性命。
切記不可以用手把針拔掉，應該先泡天然醋，
施以緊急處置後儘速就醫。
被動物咬傷時，
用清水沖洗掉傷口四周的唾液然後送醫。
尤其若是被蛇咬傷，一定要趕緊送去醫院。

被這些蚊蟲叮咬到時千
萬要注意

被馬蠅、蚊子、跳蚤咬
到，也是有可能會造成
嚴重的疼痛發腫。泡過
天然醋後，在傷口塗上
抗組織胺的藥膏，接著
送醫治療。停在椿葉上
的茶毛蟲也有劇毒，若
被咬傷也會嚴重發癢，
所以也得就醫治療。

🌼 被蜜蜂螫到時，絕對不能觸碰傷口！

　　如果蜜蜂的針留在身上，要用鑷子非常小心地從
根部拔除，或者把它甩掉。若用手拔針，只會把裡面
的毒液擠入傷口，所以千萬不能這麼做。

🌼 立即用天然醋緊急處理

　　被蜜蜂或昆蟲刺傷時，必須進行緊急處置，將傷
口泡進天然原醋或用原醋大量灑於傷口。醋有很強的
解毒功效，所以之後的那種疼痛是不一樣的。緊急處
理過後，請直接送去醫院治療。出發野餐或露營時，
不妨把天然醋裝在小瓶子中，以備不時之需。

魚腥草茶可解毒

被蟲螫咬，腫脹久久不
消的人，可以用熱水沖
淡魚腥草茶，然後每天
飲用。記得要喝熱的。
加一些薏苡，可以讓胃
更加舒服。

🌼 若被虎頭蜂螫傷，可能會危及性命

　　虎頭蜂含有劇毒，若被
螫到會產生強烈痛楚、嘔
吐、腹瀉、全身發腫等嚴重
症狀，甚至還有可能休克。

蜂巢

虎頭蜂

64

## 🌸 若被貓、狗、老鼠咬傷，要將傷口清理乾淨

● 不管多小的傷口，都要用肥皂洗淨。動物的牙齒很髒，可能帶有什麼特殊疾病，所以第一步要先把傷口周圍的唾液沖洗乾淨。
● 蓋上乾淨紗布，包上繃帶。
● 傷口容易化膿，所以一定要去醫院檢查。

關於住家附近的小狗

如果覺得牠們很可愛，就伸手去摸，也有可能會被咬。所以在摸之前，記得先問問飼主可不可以觸摸喔！

## 🌸 若被蛇咬到，要叫救護車

　　若被蛇咬到，首先不能亂動。一旦過於激動，反而會加速體內的毒液擴散。大人應該要冷靜採取以下步驟：

● 用力把毒液從傷口擠出。
● 儘快送醫，附近若沒有醫院就要叫救護車。這部分的行動絕對要快速。

※蝮蛇和眼鏡蛇特別危險。眼鏡蛇棲息在沖繩和奄美大島，只要人類靠近就會發動攻擊，所以絕對不能靠近。赤鏈蛇生性較膽小，只要不靠近，牠就不會隨便攻擊。

## 🌸 不要隨便逗弄動物

　　隨便欺負或逗弄牠們，都有可能受到攻擊，就算牠們是在吃飼料，一旦伸出手也可能會被咬，所以請多注意。

# 跌打損傷、扭傷、挫傷

跌打損傷、扭傷要先冰敷，接著再熱敷，
然後多吃一些芋莖。
若是挫傷，千萬不要隨便硬拉，
冰敷後請立刻去看骨科。

**不要大力拉手**

呼喚孩子過來時，如果
把手拉得太用力，是會
造成脫臼的。千萬要注
意這一點。

**如何冰敷**

先在患部上蓋一層紗布
或毛巾，再放上保冷劑
或冰袋以免凍傷。每
冰敷20分鐘要休息30～
40分鐘，請重複三到四
次。

❀ 什麼是跌打損傷？什麼又是扭傷？

跌打損傷……因強烈撞擊而產生的肌肉損傷，會造成
內部較細的血管斷裂，而導致內出血或瘀青。

扭傷……連接骨骼的韌帶受到傷害。發生於腳踝、手
指、膝蓋之類的關節受到強力扭轉時。

❀ 跌打損傷跟扭傷造成內出血時，就要用濕敷布
●若出現內出血，就必須冷卻受傷部位；扭傷時則要
用繃帶固定。起初的三、四天採用冰敷，之後則改為
熱敷。

跌打損傷、扭傷的治療方法

把手吊起來，把
腳放在墊子或枕
頭上會更舒服

用冷水袋或冰袋冰敷，
不要移動身體

●服用桂枝茯苓丸料，可早日治好內出血。

●手部扭傷時，用三角巾吊起；腳部扭傷則用墊子或枕頭墊起，這樣可以讓孩子更舒服。

※看起來是扭傷時，其實也有可能是骨折，所以不要自行判斷，還是去骨科看診比較好。記得先用三角巾或繃帶固定受傷部位，不要隨便移動。如果手邊沒有三角巾，可以用毛巾或大手帕代替。

### 🌸 芋莖可治內出血

芋莖是乾燥過的芋頭莖，自古以來就是可以長期保存的食物，具有淨血、增血療效，可用於治療內出血。

此外，飲用桂枝茯苓散的藥粉也可早日療癒。

### 🌸 挫傷時要先冰敷

有些人在挫傷時，會先用力拉扯手指。千萬不要這麼做！如果孩子覺得很痛，就有可能是骨折了，所以不要隨便動到傷處，先沖水或用冰塊冷卻，再帶去給骨科醫師檢查。

桂枝茯苓丸
促進血液循環，調整熱平衡的中藥。

芋莖的事前準備
把芋莖切成4～5cm的長度，浸泡在水中15分鐘以去除髒汙，用水煮一下就能像味噌湯或燉煮食品那樣加熱。超市裡不太常看到，不過網路跟郵購都可以買到。

不要用力關門
房門、抽屜、鉸鏈都很容易夾到手指。家裡有小孩的人一定要特別小心。

挫傷的治療方法　✗　◎

先冷卻，不要硬拉手指

# 頭、胸、腹部撞擊

撞擊到頭部而失去意識、面色蒼白、嘔吐、
痙攣、耳朵或鼻孔出血時，
必須馬上叫救護車。
腹部跟胸部受到強烈撞擊時，
也會有骨折之虞，所以一定要就醫。

**如何冰敷頭部**

頭部受到撞擊，需要躺
平休息時，可以用冰枕
冰敷後腦杓。

**嬰幼兒的頭部較重**

嬰幼兒的頭部比較大，
對身體而言算是頗有重
量，所以不小心跌倒
時，很容易就頭部朝下
撞擊到地面。各位家長
一定要多留意孩子的行
動。

## ❀ 頭部受到強烈撞擊時

　　　無論如何都要保持冷靜！然後採取下列的急
救措施：
● 首先，不要隨意動到身體！把頭部稍微墊高，
輕輕冰敷至少30～60分鐘，同時記得叫救護車。
● 讓孩子用輕鬆的姿勢躺下。
● 馬上檢查孩子有無意識、臉色是否蒼白、有沒
有嘔吐、痙攣、耳朵或鼻孔是否出血、碰撞處有
無凹陷等情況！
● 如果孩子沒有意識，要拍拍他、叫他的名字。
萬一還是沒有反應，就要進行人工呼吸，並且用
最快的速度叫救護車。
※ 即使沒有以上症狀，仍然要仔細觀察一個星
期。這段期間不要用熱水洗澡，也不可以讓孩子
玩倒立或翻筋斗。

### 撞傷頭部的照護法

冰敷後腦杓

## 🌸 傷處腫起來了要怎麼辦？

　　用濕毛巾冷卻撞到的地方。如果傷口會出血，要用乾淨紗布加壓。

　　孩子的頭部撞到堅固物體時，就算事後看起來很有精神，為了保險起見，還是要帶去醫院檢查。

濕毛巾　　　　　　　如果出血了

冷卻

出血　用紗布加壓　止血

## 🌸 胸腹部受到強烈撞擊

　　即使孩子依然活蹦亂跳的，過一陣子還是有可能突然出現狀況。不要讓孩子亂動，趕快帶他去醫院檢查吧。

※這種時候，千萬不可以給孩子喝飲料，而且要讓他側躺，以免窒息。

胸腹部受到強烈撞擊的照護法

飲料

輕輕讓身體側躺

**胸部若受到撞擊，也可能會傷到肺部**

胸部受到強烈撞擊時，不只會產生骨折，連肺部都可能會連帶受到傷害。如果孩子的情況不太尋常，就要立刻就醫。

**等待救護車到來時**

孩子若失去意識，要儘量幫他做人工呼吸。準備好健保卡及用得到的資料，並好好注意患者的情況。

# 骨折

最重要的就是不要動到傷處。
不可勉強把變形的地方弄回原樣，
或移動傷處檢查傷勢。
用夾板固定傷處，交給骨科醫師治療。
如果是在戶外，
可用附近隨手可得的東西代替夾板。

**在家中也是會骨折的**

從沙發或抽屜櫃上往下跳，就有可能會發生骨折。所以請看好您的孩子，不要讓他在樓梯上嬉鬧或是從高處跳下來。

**拆石膏的時候**

用石膏固定傷處時，最需要小心的，就是剛拆下來的時候。孩子很容易因為高興地蹦蹦跳跳，結果一不小心又骨折了。這點一定要多加注意。

## 🌸 分辨骨折的方法

扭傷跟骨折並不容易區別，所以不要逕自判斷，還是去骨科照X光看看。在那之前，可先用以下幾個方式觀察。

★一摸到或移動到就會產生劇痛

★變形

★皮膚顏色不同

★完全不能活動

★骨頭突出，造成皮膚隆起。

## 🌸 送醫前的處理法

如果是骨折，就要趕快去看骨科。送醫前的處理方法如下所示。若傷勢較嚴重，就必須叫救護車。

●先固定傷處，讓它不會隨便移動。骨折的地方要用東西支撐住，如果是手腕、腳踝、手肘、膝蓋等處，就拿毛巾之類的柔軟物墊在下面，然後準備一塊夾板。

●用繃帶綁起夾板，注意不要太緊。如果手邊沒有這兩樣，可以用隨手可得的東西代替。

夾板……傘、板子、粗樹枝、雜誌……等

繃帶⋯⋯把衣服或手帕撕成細長狀。

※若把傷處綁得太緊，會影響到血液的正常流動，所以要輕輕鬆開一些。

真的找不到夾板時，若是手腕骨折就用大手帕代替三角巾；腳部則固定成不會彎曲的姿勢。

※在正常情況下，骨折時能在自己家裡做的處理，就只有初步急救，所以還是要請專業醫師好好治療才行。

骨折的處理方式

固定傷處

板子

傘　雜誌

很多東西都可代替夾板

手臂懸吊法

尖端指向骨折的那一側

往肩膀折上去

兩端綁起

打結或用安全別針固定

**小孩比大人還快痊癒**

發育時期的小孩骨折時，會比大人還要快好，但相對地骨頭也容易變形，所以記得聽從醫師指示，要乖乖地固定住石膏喔。

**小孩的骨骼愈來愈脆弱**

根據各縣市政府的調查，現在小孩的骨骼比以前脆弱許多，所以要讓他們多攝取鈣質和維生素D。

# 受傷時大量出血

這個情況雖然很少發生，但為了預防萬一，
還是先把止血方式學起來比較好。
最基本的就是抬高出血部位至心臟之上，
然後按壓靠近心臟的動脈，試試看能不能止血。
在救護車抵達之前，一定要加油！

**基本措施就是急救措施**

出血所要採取的方法，基本上就在於救護車抵達之前，以及救護車內的處置。

**給負責處置的人**

為了避免血液感染，記得戴上塑膠或橡膠手套，不要直接碰觸到傷者的血液。

🌸 把基本止血法熟記在心！

①直接加壓止血法……用紗布或布料直接按壓出血部位。如果一隻手止不住血，就用雙手甚至是全身的力量去增加力道。

　　不使用這種止血點止血法，是不會有效果的。

用力！

紗布或布料

②關節加壓止血法……準備①的紗布的期間，徒手所能進行的緊急處置。之後一定要立刻採取①或③的方法。

●上臂止血…往肩關節的方向按壓腋下中央。
●前臂止血…用一根拇指或另外四根手指，往骨頭方向按壓上臂中央內側。
●腳部止血…手握拳或用手指的第二關節，用全身力量按壓大腿根部。
●手部止血…用力握住手腕。
●手指止血…用拇指和食指從兩側往骨頭方向按壓。

③止血帶止血法……手腳出血，用①的方法實行起來有困難時使用。

在出血部位靠近心臟的動脈上直接加壓，拿寬布粗繩牢牢綁緊，30～60分鐘後暫時鬆開，觀察傷勢3～5分鐘，如果血沒有止住，就重新綁緊。要確實記得開始止血的時間。

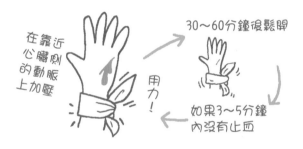

在靠近心臟側的動脈上加壓

用力！

30～60分鐘後鬆開

如果3～5分鐘內沒有止血

🌸 出血分成三種

1 動脈性出血……血液會像噴泉一樣噴出，細一點的血管也會隨著脈搏不斷噴出鮮血。患者有可能在短時間內大量失血，所以一定得採取緊急處置。

2 靜脈性出血……傷口會湧出暗紅色的血液。如果是較大的靜脈破裂，也會大量出血，若太慢止血，患者會陷入休克。

3 微血管出血……血液會用滲的方式出來。如果是這種類型，要優先進行人工呼吸和心臟按摩。

如果傷口在嘴巴裡

如果不小心跌倒或因為某些原因而使口內大量流血，肯定會令人嚇一大跳吧。不過那有時候是因為其中混了唾液，才會看起來像流了很多血。這種時候，要先冷靜下來檢查傷勢，再含一些濃食鹽水。鹽也是有止血效果的。

處理完傷口後，要用肥皂洗手

止血步驟結束後，為了防止感染，記得要用肥皂跟清水把雙手徹底洗淨。

# 吞入異物
# 而噎到時

是要先催吐？還是趕快送去醫院？
隨著吞入的異物不同，處理方法也不同。
自行下判斷是很危險的，還是尋求家庭醫師的指示吧！

❀ 最常發生的是誤食。直徑3cm以下的東西都能
　進入食道

　　首先，確認孩子到底誤食了什麼東西。檢查散落
在孩子附近的容器，或者直接看看口腔。另外，從容
器中剩餘的量去推知孩子吃進了多少異物也很重要。
誤食的東西有些可以直接催吐出來，有些則不能這麼
做，而必須要立刻送去醫院。

❀ 如果誤食固體物，就直接從口中取出

　　如果卡在喉嚨裡的是固體物，有可能會造成孩子
窒息，所以要儘快取出。
　　第一步，先確認孩子的附近和口中，看看是什麼
東西卡住喉嚨。要是孩子呼吸困難、臉色發紫、痛苦
得眼睛翻白、不斷咳嗽喘氣，就要立刻叫救護車，並
在等待的期間，讓孩子吐出異物。

看得到卡住的東西，
就用手指摳出

讓孩子靠在膝蓋上，頭部
朝下，用力拍打他的背

回老家或出外旅遊時也
要注意

就算您在家裡非常小
心，回去老家或出外旅
遊時，難免會把一堆東
西到處亂放。所以出門
在外也要十分注意。

🌸 平時就要把家裡整理乾淨，不要讓孩子拿到危
　險物品

　　在孩子眼睛看得到、雙手碰得到的地方，都不能
出現危險物品。

　　香煙、防蟲劑、肥皂、清潔劑等，要妥善收在孩
子無法一下就拿到的地方；其他一些隨手一放就可能
忘記的物品，例如瓶蓋、圖釘、釘書針、髮夾、化妝
品……等，也要收在孩子拿不到的地方。

🌸 吞進不同異物的處理方法

●用於廚房、洗滌、洗澡的弱酸、中、弱鹼性清
潔劑、肥皂、香煙、蟑螂藥……可催吐。先讓孩
子喝下半杯水或牛奶，再把他抱到膝蓋上，頭部
朝下，用食指伸入口中壓住舌根，讓他把東西吐
出來。
●化妝水、乳霜、口紅、洗髮精、火柴……如果
誤食的量不多，沒有什麼異常狀況，就給孩子喝
水或牛奶，觀察一下情況；如果誤食的量很多或
是出現症狀，就必須就醫檢查。
●樟腦……若在此時飲用牛奶，會讓身體容易吸
收，所以要給孩子喝水。樟腦會導致孩子痙攣，
所以不可以催吐。
●廁所、水管、風扇用酸鹼性清潔劑、含氯漂白
劑……不可以催吐。清洗口腔，喝下牛奶或蛋白
後立刻送醫。
●石油產品、指甲油、卸甲油……不可以催吐，
直接送急診。
●針、圖釘、釘子、玻璃片、金屬片等銳利物
品、鈕扣電池……先確定孩子吞下什麼東西，不
要催吐，直接就醫。

# 日射病、中暑

得病時有可能快速脫水，
並且失去意識。
把孩子帶到涼爽通風處或是有冷氣的房間，
解開衣服，讓他慢慢飲用溫水。
躺下時把頭墊高，
用濕毛巾冷卻身體或脖子。

**梅雨季節也常發生中暑**

中暑容易發生在高溫的時候。不過在溫度不高的梅雨季中，也會因為多濕而造成中暑，這點請各位家長留意。此外，梅雨期過後，溫度一下會飆高很多，這段時間也要很小心。

**不要把孩子單獨留在車內！**

這樣不只會中暑，還有可能被別人抱走。就算只有一下子，也不能讓孩子離開視線範圍！

## ❀ 冬天也有可能中暑

　　日射病是長時間直接曝曬在陽光下而引發的。盛夏大熱天戲水時，一定要多加提防。

　　另一方面，中暑是長時間待在高溫多濕、通風又不好的地方而引發的。即使是在冬天，關在完全密閉的車中也有可能中暑，所以請特別注意。

　　這兩種疾病都是因為身體無法調節體溫，停止排汗，熱能累積在內部，導致體溫升高、暈眩、頭痛、想吐、眼睛昏花等症狀。另外也有可能會失去意識，所以必須儘早加以治療。

## ❀ 平時就做好預防工作

★平常就做好養生，確實貫徹食養生活。
★外出時記得戴帽子。
★穿著透氣吸汗的棉製或麻製衣服。
★記得隨身攜帶裝滿茶水的水壺，隨時補充水分。

## 🍀 急救方法是一樣的

●帶孩子到通風良好的陰涼處，或是有冷氣的房間，讓他躺下，並且把頭墊高。如果是在戶外，可帶他到樹蔭下。

●解開衣服鈕扣和皮帶，小口小口飲用溫水或溫電解水。如果一下讓他喝太涼的飲料，有可能會吐出來。

●慢慢從後腦杓往頸部冷敷，小心不要碰到肩膀。用水龍頭的水沾濕毛巾即可。如果身體是熱的，就把毛巾的水擰乾，然後擦拭全身。

●要是溫度一點也沒有降下來，就要儘速就醫。

※如果幾乎是沒有意識、面色蒼白、呼吸急促、發生痙攣的狀況，就必須火速送醫。

座位較高的嬰兒車很有用

嬰兒車的座位比較高，可以降低從柏油路反射的陽光，很受到父母們的歡迎。

帶到通風良好的地方

鬆開衣服

一點一點地喝

溫水電解水

稍微墊高頭部

慢慢從後腦杓冷敷到頸部

用自來水沾濕毛巾

身體發熱↓擰乾毛巾擦拭全身

痙攣

失去意識

醫院

痙攣、面色蒼白、呼吸急促

用綠豆退火

讓孩子喝下泡過生綠豆的水，剩下的綠豆再加水煮，煮軟之後放些糖做成綠豆湯也很不錯。其他……薏苡、白木耳、夏季蔬果、海藻等，也都屬於清涼食品。不妨可以拿來泡茶看看！

# 抽筋、痙攣

熱痙攣在嬰兒時期是很常發生的。
這時應該讓孩子躺下，鬆開衣物，
稍微抬高上半身以方便呼吸。
計算痙攣持續的時間，然後一定要就醫。
如果超過五分鐘，就要叫救護車。

就醫的注意事項
把以下內容記錄下來，
在就診時告訴醫師：
☆抽筋（痙攣）的狀
態……開始時間、持續
多久、如何抽法、身體
如何抖動、是否左右對
稱、有沒有意識。
☆身上其他症狀……臉
色、眼睛轉動、呼吸情
況、四肢狀態、心情、
咳嗽、鼻水、排便、嘔
吐、排尿、水分、進
食。
☆吃藥（什麼時候吃了
什麼藥）
☆家人或兄弟姊妹有沒
有抽筋（痙攣）過。寶
寶健康手冊也別忘了帶
著。

## 孩子抽筋時不要慌了手腳！

如果孩子突然翻白眼、全身僵硬、手腳不斷發抖
而且失去意識，就是抽筋（痙攣）的症狀。

家長第一次碰到時，應該會嚇一大跳。不過在大
多數的情況下，狀況都不會很嚴重。

## 抽筋（痙攣）分成好幾個種類

★最常見的就是熱痙攣。主要原因來自發燒，溫度上
升時很容易就會發作。通常在4～5歲時就能治癒，但
如果您的孩子明明沒有發高燒，卻還是會痙攣，而且
次數相當頻繁，就要向小兒腦神經科的專業醫師諮詢
了。

★癲癇引起的抽筋有大有小，最好能夠做出正確判
斷，讓症狀不要發生。這種情況通常是用藥物治療，
中藥跟針灸也很有效。

★還有一種叫做憤怒痙攣。當孩子發起脾氣，大哭大
鬧到一半，會突然停止呼吸，臉色發青開始抽筋。這
不算是一種疾病，但還是必須把原因找出來。

## 🌸 居家治療方法如下

①記下抽筋（痙攣）的發生時間，讓孩子躺下，鬆開衣物，並且稍微抬高上半身以方便呼吸。還要測量體溫。

②為了防止溫度上升，在孩子的頭上和頸部，用毛巾包覆冰枕或毛巾來進行冰敷，如下面圖片所示。

③計算抽筋（痙攣）的持續時間，待症狀緩解後，將全身上下檢查一遍，包括臉色、眼球轉動、呼吸、四肢狀態等。如果溫度沒有降下來，抽筋還有可能復發；就算沒有發燒，也有可能是腦炎或髓膜炎，所以即使孩子看起來已經復原了，還是一定要帶他去醫院檢查。

※抽筋（痙攣）持續五分鐘以上，就必須叫救護車。

**每個人的體溫不同**
每個人引發抽筋的體溫不盡相同，所以第一次發作時，可以記下當時的溫度。

**準備好退燒藥**
抽筋過一次後，為了預防下次再發作，醫師會開給抗痙攣的栓劑。請聽從主治醫師指示，一發現小孩開始發燒，就儘早使用栓劑，並讓他服用退燒藥。

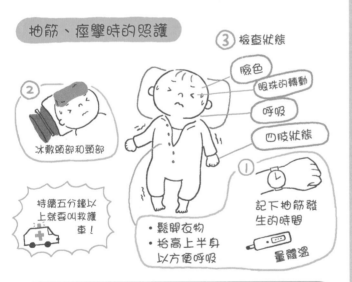

抽筋、痙攣時的照護

③ 檢查狀態
臉色
眼珠的轉動
呼吸
四肢狀態

② 冰敷頭部和頸部

持續五分鐘以上就要叫救護車！

•鬆脫衣物
•抬高上半身以方便呼吸

① 記下抽筋發生的時間
量體溫

製作一份「家庭病歷」！
清楚記錄家人、自己、兄弟姊妹的病歷、經常得到的疾病和吃過的藥，能夠讓孩子獲得更精確的診察以及適合他的處方。
（參考第20頁）

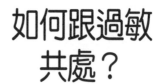

# 如何跟過敏
# 共處？

出現過敏反應的原因，在於體力、免疫力的下降。
感到疲勞、壓力大的時候，
反應通常會更強烈。
因此透過養生和食養來提高自癒力是很重要的。

**還有蕁麻疹**

蕁麻疹發作時，皮膚會整塊發紅發癢，這也屬於一種過敏反應。用冰塊冰敷可以緩解搔癢感。

**吃加工食品之前**

如果是對食物過敏，就一定要知道哪些食物是過敏原，而且在日常生活中就必須多加注意。尤其是加工食品，看清楚製作原料，確定裡面有沒有會產生過敏的東西。

## 🌼 每個人都有自己的過敏原

食物過敏、過敏性鼻炎、花粉症、異位性皮膚炎……這些由過敏引起的疾病正快速增加中。但這並不代表「擁有特殊體質的人增加了」。

再怎麼說，過敏本來就是人類具備的免疫反應，而過度的免疫反應就稱作「過敏」，讓人類產生過敏的物質則為「過敏原」。

蛋、牛奶、蕎麥、小麥、食品添加物、生活周遭的化學藥品、塵蟎、跳蚤、黴菌……在我們的四周，充滿了可能成為過敏原的東西。每個人都有各自不同的過敏原。

尤其是體力不振、精神壓力大的時候，免疫力會跟著下降，以致更容易讓過敏發作。

## 🌼 最好不要使用類固醇

如果孩子出現過敏反應，除了要檢查外部因素——也就是過敏原——還要找出造成孩子體力跟免疫力下降的原因。原則上，最好不要使用免疫抑制劑的

代表：類固醇。

　　原因在於，當細菌、病毒或真菌等過敏原從外面進到體內，免疫力會拼了命地跟它們戰鬥，防止它們進一步侵入。如果用了免疫抑制劑，免疫力就派不上用場，雖然表面上看起來是恢復了，但過敏原卻仍然在體內橫行無阻。

## 🌸 東方醫學講求提高生命力

　　在東方醫學的觀念中，疾病要用「提高生命力、增強自癒力」的方法來治療。

　　因此，面對疾病，各位不妨盡量靠養生跟食養來解決。

## 🌸 不論是花粉症還是皮膚炎，養生的方式都一樣

●盡量少吃有食品添加物的東西、肉類、以及甜點，多吃根菜類、菠菜、小松菜為主的綠色蔬菜，而且要選低農藥或無農藥的。另外再攝取些蒲公英、魚腥草、藜等野草；海藻、醋拌涼菜也要充分攝取。
●以米（糙米更理想）混合麥、稗、粟的五穀飯為主食，而且跟蔬果一樣要選擇有機的。
●維持早睡早起的生活習慣，每天的睡眠時間要足夠。
●仔細清掃家裡，杜絕黴菌、灰塵、跳蚤等過敏原。

根菜、綠色蔬菜

低農藥
無農藥

要盡量多吃些喔！

清掃乾淨！

托兒所跟幼稚園內

讓孩子進入團體生活時，要先向園方告知孩子的身體狀況和體質。尤其是對食物過敏的小孩，如果餐點中出現會造成過敏的食物，務必先跟老師商量好該怎麼做。

在家中種植枸杞樹

枸杞嚐起來香甜可口，葉子裡含有蘆丁和鈣質，樹枝可以煎茶喝，根皮也能用於中藥材，而且用插枝法就能生根，您的家裡要不要也種一棵看看？

# 花粉症與過敏性
# 皮膚炎的防治

避免沾染到花粉的方法，就是少外出。
真的要出門，就請穿上長褲戴好口罩，
回到家時，先在門口撢掉身上的花粉。
要預防異位性皮膚炎，可用桃葉泡澡。

**嚴禁熬夜**

自律神經失調也會導致
異位性皮膚炎，所以千
萬不可以熬夜。維持早
睡早起的生活習慣，讓
交感神經跟副交感神經
恢復正常的運作。熬夜
是絕對禁止的。

**魚類、豆類優於肉類**

在蛋白質的攝取上，應
以豆類跟小魚為主，而
不是肉類。如果身體偏
酸性，將會讓免疫力降
低。

## 🌸 重新審視您的居住環境

希望各位可以思考看看：我們的居住環境充滿了
化學物質汙染、電磁波等容易引發花粉症的因素，這
樣下去真的沒有問題嗎？

## 🌸 盡量避免沾染花粉

如果擔心花粉的問題，在平時就要多加留心避開
花粉。

★盡量避免外出或縮短外出時間，外出時要穿著不容
易沾上花粉的衣服。

★回家時，先在門外拿刷子刷掉花粉，然後直接去浴
室將身體清洗乾淨，換上乾淨的衣服。

★一定要漱口、洗臉。

★衣服跟棉被不要掛在外面晾，而要用烘衣機烘乾。

## 🌸 異位性皮膚炎需要耐心治療

　　根據不同的醫師，治療的方式也會有各種各樣。如果是東方醫學，不妨選用傳統療法，然後告訴自己一定治得好。

●養生（參考第81頁）跟食養是最基本的，生活要放輕鬆，不要累積壓力。
●不要太沉迷於電視跟電動。據說電磁波也是讓身體機能失調的原因之一。
●若想改善皮膚症狀，就要勤加泡澡。水中加入桃葉或杜仲茶可帶來緊致皮膚的功效。
●將用水稀釋過的天然醋擦拭在皮膚上，或塗抹上不含類固醇、不含免疫抑制劑的外用藥。
●併發念珠菌引起的濕疹跟水皰疹時，要同時服用抗生素跟中藥，並去皮膚科就診。

## 🌸 類固醇能不要用就不要用

　　類固醇只能讓症狀暫時消失，過一陣子又會再發，就像是按下電腦的重新啟動鈕。

　　此外，停用類固醇後，身體可能會產生「反彈效應」，出現更嚴重的皮膚症狀，有時甚至還會併發氣喘。

　　每一個病人都各自不同，檢查全身後再進行治療才是最重要的。

肥皂起泡沫後再使用

清潔肌膚是很重要的一個工作，為了減少刺激，應該要選擇適合自己的肥皂，然後使用前也要讓它先起泡以減少摩擦（洗澡用的肥皂一天只能使用一次）。肌膚乾燥時就不要使用肥皂，單純用水沖洗就可以了。

盡量避開人群

人多的地方病原體也多，難免會對身體產生不良影響。在住家附近悠閒過日子，對您孩子的身心會有較好的發展。

# 得到水痘、
# 腮腺炎時

得到水痘時，口中通常會出現潰瘍；
如果是腮腺炎，會腫到一張嘴就發痛。
這兩種疾病都會讓孩子失去食慾。
準備一些柔軟容易下嚥的食物，
好好休息，讓身體趕快康復。

治療水痘的藥材

將茅根跟冬瓜或蘿蔔一
起煮，飲用煮過的水。
同時也可配合中藥治
療。

吃一些好入口的食物

如果有食慾，吃什麼東
西其實都沒有關係，但
粘膜疹跟腫脹的臉是會
讓嘴巴發痛的。這時可
以吃一些容易吞嚥的食
物，如豆漿優格、果
凍、麵類。

## 🌸 水痘通常為期兩週

水痘病毒會讓頭部、臀部、腹部發出紅疹，然後
擴散至全身。如果發燒，大約也只會在37～38度左
右。接下來，紅疹會變成紅豆大小的水泡，然後破裂
結痂。在全部瘡痂剝落之前，
大約需時兩個星期。

另外若有口腔出現粘膜
疹、食慾不振等情形時，可準
備一些柔軟好下嚥的食物。如
果孩子用手去摳，有可能會造
成化膿，所以也要記得剪短孩
子的指甲。

### 治療方法

通常是使用抗病毒藥物，
但我只要靠民間草藥、中藥、養生、食養就可以治
療。不只如此，水痘還有可能會併發水痘性髓膜炎，
記得要跟家庭醫師隨時保持聯繫。

## 🌫 腮腺炎要冰敷腫脹處

腮腺炎是透過飛沫中的腮腺炎病毒傳染，大多發生在幼兒到小學生身上。發病時，身體會燒到38度左右，位於耳垂的腮腺會腫脹發痛，單邊或兩邊的臉頰也會腫起來。

腫脹最嚴重時，連張開嘴巴都會覺得痛，所以要給孩子準備柔軟的食物。冰敷腫起來的地方，也能讓他感到舒服一些。

這些症狀在一兩週內會痊癒，但孩子如果發高燒、頭痛、嘔吐，就要立刻跟醫師聯絡。

腮腺炎

一～二星期

冰敷能讓孩子比較舒服

38℃

・高燒
・頭痛・嘔吐

↳ 立刻聯絡醫師

### 治療法

目前沒有藥物能有效對付腮腺炎病毒，醫師通常會開解熱鎮痛劑（Acetaminophen），不過我還是以中藥為主要的治療方式。免疫機能不夠時，腮腺炎容易反覆發生。就跟水痘一樣，趕快跟家庭醫師聯絡吧！


## 🌫 需不需要就醫跟預防？

不論是水痘還是腮腺炎，在托兒所或幼稚園的團體生活中，都很容易傳染開來。這兩種疾病都有疫苗，如果您的孩子體力較弱，可以帶他去預防接種。

但目前這些接種疫苗都需要自費，費用也很高，而且就算接種了，還是有可能得病；即使身體產生了免疫力，也很難維持一輩子，所以媽媽們應該也很頭痛吧？因此不妨先看看孩子的情況，然後跟家庭醫師商量看看。

大人也要注意

大人照顧生病的小孩時，自己也有可能被傳染到，被傳染後的症狀可能比小孩來得嚴重，甚至需要住院。所以應該先確定自己體內是不是已經有抗體。

被傳染後，就不要跟人群接觸

如果您覺得孩子得了水痘或腮腺炎，就讓他待在家裡，不要出去接觸人群，再傳染給別人。如果孩子在上幼稚園或托兒所，就把狀況跟園方報告，在病好之前停止上學。

# 尿床

發寒跟壓力是最大的敵人。
大人不妨先在一旁慢慢觀察，
如果尿出來了，記得不要訓斥孩子。
晚餐要減少湯類和鹽分的攝取，
睡前也必須控制飲水。
鋪設防尿床墊也是一種方法。

**生活出現變化時就要注意**

生活出現重大變化，或精神上的壓力增加時，就有可能讓孩子尿床。尤其是過去沒有這些情況，直到最近才開始發生時，更要特別注意。

**控制鹽分的攝取**

大量攝取鹽分後，會連帶需要大量水分，從而便會造成孩子尿床。所以在控制食物裡的鹽分之餘，也不要讓孩子吃太多零食。

### 🌸 5～6歲之前不必太過擔心

在過去，小孩尿床一直被認為是家長管教不好。

不過，現在的醫學大大進步了，5～6歲之前的尿床現象，已經被認為是跟生理因素有更大的關連。這樣一想，一個還沒進入小學的小朋友時常尿床，也就沒什麼好擔心的了。

### 🌸 如果是醫學方面的原因

尿床次數頻繁、升上高年級後還是會尿床的情況，就稱為「夜尿症」。夜尿症的原因，可能是以下幾點：

★積蓄尿液的膀胱不夠發達

★減少夜間尿液的荷爾蒙分泌不夠

★其他疾病造成

身體發寒、壓力據說也會有影響。

※有些情形是需要積極採取治療的，如果您覺得擔心，就請向小兒科醫師諮詢。也有使用中藥跟針灸的治療法，不妨向專科醫師或中藥行請教看看。

🌸 如果原因在於身體發寒，可採取以下的對策

●在料理中多放些大蒜、生薑、蔥、辣椒、枸杞、棗子等可以暖和身體的食材。

●即便是在夏天也最好不要吃冰涼的飲料和食物，飲料溫度不要低於自來水。

●晚上少喝湯、少吃水果，不要喝太多水，睡覺前一定要上一次廁所。不過，在夜晚叫醒孩子去上廁所，會打亂他的荷爾蒙分泌，所以最好不要這樣做。

●長褲比短褲、裙子還能讓下半身保暖。

尿完尿再去睡覺喔！

🌸 不要讓孩子累積壓力

●首先，孩子尿床時記得不要責罵他們，他們自己也是有挫折感的。如果孩子被罵了，心裡感到緊張，造成每天晚上都陷入沈悶，反而會出現反效果。

●如果孩子反而覺得這樣比較輕鬆，也可以考慮舖上防尿床墊。

下次記得跟爸爸說喔！

向專科醫師諮詢
如果想尋求諮詢，可以請衛生所推薦住家附近的專科醫師。

防尿墊

有舖在床單上的防尿墊跟穿在內褲裡面的防尿墊兩種，可以根據尿量跟孩子的年齡來做選擇。

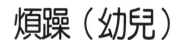

# 煩躁（幼兒）

如果您的孩子動不動就發脾氣、
大吵大鬧，請先冷靜下來。
責罵他們並不能解決問題，
應該跟孩子好好對話，
找出他煩躁的原因。

**睡眠要充足**

疲勞也會造成孩子焦躁，所以要讓孩子的生活規律，每天都有充足的睡眠。

**關掉電視看看**

如果家中電視老是開著，家人就不會有時間坐下來好好交談。尤其是用餐時間，最好把電視機關掉。

🌸 性情急躁、沉穩從容……孩子的個性千百種

　　如果孩子因為一點小事就發脾氣，做父母的想必很困擾，納悶「為什麼別的孩子總是笑個不停，自己的孩子就會這樣」吧？

　　不過人類本來就有不同的個性，有些人很難靜下心來，有些人則從容不迫。小孩子也是相同的道理。所以父母們要先確立一個觀念：每個孩子都是與眾不同的。說不定就有些父母的孩子性格太沈穩，反而很羨慕您，希望自己的孩子也能機靈些呢！

🌸 找出造成孩子焦躁的原因

　　孩子通常都是有什麼原因才會生氣的，而且有時候連他們自己也不知道為什麼。所以我們應該先協助孩子找出原因。把孩子抱起來，輕輕問他「你不喜歡這個嗎？」一起思考問題出在哪裡，孩子說不定就會老實地點頭，然後平復下來。

　　這個時候，您就要貼近他的心情，跟他說：「這樣啊，所以你才會不高興吧？」

　　另外，食物也有助於撫平焦躁的情緒。不妨重新審視平常吃的食物跟點心吧。

### 🌸 檢查看大人是不是也在焦躁！

小孩子做出什麼「壞事」，通常都是希望得到大人的注意。當孩子大發脾氣、惡作劇玩得太過火時，更要好好看著他們。

如果仔細觀察孩子，就會發現他們發脾氣，多是在大人們忙不過來的時候。當大人的壓力愈積愈大，或是家裡面發生問題時，小孩子更是會敏感察覺到。因此，當他們發脾氣時，記得先冷靜下來，想一想是不是大人自己太忙或者有什麼煩惱而感到焦躁不耐。

### 🌸 騰出時間陪孩子玩

大人每天光是為工作跟家事，就已經忙得團團轉了，因此孩子幾乎都只能自己一個人玩耍。但您要不要試試看，三不五時就把工作跟家事拋到一邊，陪小孩子玩一下？就算只有短短的五分鐘、十分鐘，陪孩子玩的大人也能感到快樂。

晚上睡覺時，關掉電燈後跟孩子一起鑽進被窩，然後抱抱他、跟他聊聊天，這樣不只是小孩，連大人的內心都會受到療癒喔！

# 夜啼、發脾氣

過了某個時期後，夜啼是很有可能治好的。
輕輕按摩孩子的背，能讓孩子更好睡。
請控制孩子們的飲食，少吃些甜點，並多給他們吃些
根菜和蔬菜。

**爸爸也要來幫忙**

在多數情況下，都只有媽媽一個人在煩惱夜啼的問題。爸爸也應該幫忙分擔一些，幫媽媽帶小孩，讓她也有屬於自己的時間。

**特別暴躁的孩子**

這種孩子的特徵，在於會因為一點小事就激動生氣，時常跟人起爭執或咬牙切齒。

## 🌸 「沒有理由的啼泣」就是夜啼

夜啼最常發生在出生兩個月到兩歲間的幼兒。在找不出原因的情況下，他們會哭個不停。如果是因為一些明顯原因，例如尿布濕了需要更換、要喝牛奶、覺得太熱或太冷，在原因獲得解決後就不再哭泣，就不算是夜啼。

反過來說，在不知道原因的情況下，孩子一直哭個不停時，大人也只能舉雙手投降了。

夜啼很嚴重的孩子可能有一點神經質，或是神經纖細。但他們是不可能一直纖細到長大成人的，這點可以放心。

## 🌸 夜啼算是一個成長過程

關於夜啼的研究，目前並沒有什麼突破。不過有一種說法，認為這是嬰兒睡眠逐漸成形的一段成長過程。夜啼並不會永遠持續下去，所以就請爸爸媽媽努力想辦法熬過去吧。

● 規律生活

● 三餐跟點心少吃些甜的，多補充根菜和蔬菜

這些基本習慣請一定要遵守。

## 🌸 試試按摩孩子的背

如果您的孩子會夜啼，我建議幫他按摩背部。背上有穴道可以治孩子的脾氣，按照下圖所示為孩子按摩，應該就能讓他安穩睡覺。

用兩根手指或軟毛牙刷按摩

## 🌸 讓孩子情緒穩定的市售藥和中藥

●救命丸*、奇應丸*等市售藥……從孩子出生3～4個月後開始飲用。
●抑肝散、抑肝散加陳皮半夏、小建中湯、甘麥大棗湯等

## 🌸 檢查是不是因其他疾病所造成

有時候乍看之下沒什麼理由，但實際上卻是有的。

白天接受太多刺激而疲勞、太熱睡不著……。

檢查看看有沒有其他因素，尤其要找清楚，有沒有什麼重大疾病潛伏。從孩子哭泣的方式和表情，可以看出孩子是不是有哪裡疼痛。

這種時候，如果有一位能諮詢的家庭醫師，就會令人放心很多，因為他們就如同支撐住家人健康的樑柱！

*救命丸：「宇津救命丸」，成分是麝香、牛黃、羚羊角、牛膽、人蔘、黃蓮、甘草、丁子等。適用於胃腸不適、夜啼、吐奶等狀況。

*奇應丸：「樋屋奇應丸」，成分是人蔘、沈香、麝香、牛黃等。適用於消化不良、腹瀉、夜睡不寧等症狀。

# 肩膀痠痛、眼睛疲勞

不要老是念書、打電動，
多讓孩子去戶外遊玩、增強肌力。
只要姿勢維持得當，肩膀就不會痠痛。
而且不只小孩，
大人們放下一切，好好在大自然中活動筋骨，
也有助於消除身心壓力。

**游泳能運動到全身**
游泳是全身型的運動，有助於防止肩膀痠痛。恰到好處的疲勞也能讓孩子睡得更香甜。

**選擇有彈性的衣服**
如果擔心肩膀痠痛，不妨選擇較有彈性的衣服。肩膀做得太窄，會感覺綁手綁腳的。選擇適當尺寸的衣服，也是很重要的一件事。

## 強化肌力、伸展背部、消除肩膀痠痛

在我的印象中，過去的小孩不太會肩膀痠痛，因此看到現在那麼多小孩有這個問題，還真讓我嚇了一跳。大家都把時間用在念書、打電動上，不怎麼出去玩，才沒有機會好好鍛鍊肌力吧。

若要避免肩膀痠痛跟眼睛疲勞，首先就必須增強肌力，隨時隨地伸直腰桿，保持抬頭挺胸的姿勢。如果不這樣做，身體重心就會偏移，造成肩膀跟腰部疼痛。增加在戶外遊玩的時間，也可以減少這類情形發生，所以務必讓您的孩子多去戶外活動。

## 每天生活中要注意的事情

早睡早起，好好吃早餐。

積極攝取富含胡蘿蔔素、葉綠素和各種維生素的鮮豔蔬菜，如番茄、青椒等黃綠色蔬菜，以及茄子、辣椒葉等紫色蔬菜。

眺望遠處可以消除眼睛疲勞。要不要考慮關掉電視，陪孩子看看天空聊聊天？

🌸 泡澡消除肩膀痠痛，順便做肌膚接觸

　　親子一起舒舒服服地泡澡，也是個很好的選擇。孩子的壓力可以透過肌膚接觸獲得釋放。如果是年齡大一點的孩子，泡澡時也比較容易把在學校遇到的煩惱說出口。您可以不著痕跡地開口問問看。

　　在浴缸裡舒舒服服地泡澡，還能夠消除肩膀痠痛。如果再幫他按摩一下，更可收肌膚接觸之功效。

**伸展體操**

①②為一組
×
3次
讓孩子逐漸習慣，
以雙腳形成直角為
目標。

①讓孩子仰躺，雙手往頭的方向伸展。身體呈一直線，將右腳往上抬起與左腳垂直，靜止5～10秒鐘。
②左腳也是這樣。

**走向大自然**

老是坐著打電動，是沒辦法消除肩膀痠痛和眼睛疲勞的。要讓孩子養成走向大自然，多眺望遠方的習慣。

**用熱毛巾敷眼睛**

用毛巾浸泡熱水，擰乾後敷到眼睛上，可以紓緩眼睛的疲勞。

讓親子肌膚相親的

# 嬰兒按摩

按摩的基本用意，在於讓嬰兒感到安心。

透過親子間的肌膚接觸，嬰兒能夠安下心來，不會那麼緊繃。

同時，在親子肌膚互相直接接觸下，

也能從體熱、肌膚等狀態，確認孩子的健康情形。

## 雙手包覆頭部撫摸

雙手包覆嬰兒的頭部，以不施加力道的方式，從上到下輕輕撫摸。這樣做能夠讓孩子放鬆、感到安心喔。

※ 小心不要碰到頭頂的骨縫。

## 撫摸鼻子周圍

從中央往外側輕輕撫摸嬰兒的鼻子兩側。如果孩子鼻塞，可以試試這個方法。

## 撫摸背部

將嬰兒抱起，從頸部下緣往下撫摸到腰際。撫摸時要使用整隻手掌，動作要輕柔緩慢。

另外也可以繞著順時鐘方向撫摸。這適用於孩子焦躁或情緒不穩的時候。

或是

### 輕輕拍背

讓嬰兒側躺，輕輕拍他的背部。記得把手彎成碗狀，以不施加力道、發出「咚咚」聲的方式拍打。

### 包住腹部輕輕按押

雙手輕輕放在嬰兒的腹部，手心要跟肌膚密合（像是要幫他取暖），然後輕輕按押，這樣做可以緩解腹痛。不用按押的方式，輕輕撫摸腹部也是可以的。

### 從肩膀往下撫摸手臂

用拇指以外的四根手指，撫摸嬰兒的肩膀到手腕一段。左右手臂交互進行。

### 撫摸腳底

孩子覺得累的時候，用這個方式可以讓他恢復精神。

用拇指腹貼住嬰兒的腳底按摩，並且輕輕伸展、轉動每根腳趾。一根腳趾大約進行 10 次。

## 按摩時的注意事項

· 出生三個月後才能開始按摩
· 絕對不能用力
· 不可以勉強硬拉
· 孩子不舒服時要馬上停下來

# 如何選擇好的小兒科醫師

## 找一個隨時能提供諮詢的家庭醫師

從家人健康狀況，到養育小孩的問題，所有問題通通包辦的家庭醫師，就如同能夠守護家人健康、強而有力的靠山。

不論是發生萬一或者即便沒什麼事，若能隨時請醫師簡單檢查一下身體，我們就能安心健康地過生活。

還有一點，跟家庭醫師積極溝通，也能提高對家人健康的注意力並且學到一些民間療法。

西醫跟中醫都可作為您的家庭醫師。此外，如果您想知道不同的藥能否混著吃以及藥物副作用的問題，可以請教熟悉綜合醫學的醫療從業人員。

## 選擇小兒科醫師的重點

**1** 會好好看著小孩或家長，仔細聽他們説話

**2** 會仔細説明目前的病況，並且提供養生方法

**3** 會清楚説明藥物功效和副作用

**4** 不會隨便開長期服用的類固醇或支氣管擴張藥

**5** 最好選擇能在短時間內步行抵達的醫院

## 患者應該做的事

**1** 理解藥物説明後再使用

**2** 充分理解醫師介紹的養生方法，並且具體實行

**3** 考慮到醫師可能很忙，先將清楚載明症狀、病歷、常得到的病之類資訊的「家庭病歷」影印一份交給醫師。

**4** 不可以把所有事情都丟給醫師，自己也要隨時學習養生方法和藥物等知識。

# 3 章

# 食衣住
# 日常生活的自然療法

自然療法在緊急時刻非常管用，
不過每天都要實行才是最重要的。
每天每天不斷累積，身體就會健康、充滿精神，
疾病也不會找上門來。

# 離乳食的基本常識①

食

雖然每個孩子的舌頭和牙齦發育狀況各有不同，可以吃的離乳食還是有個參考標準。清楚檢查孩子有沒有確實咀嚼、好好吞下去。如果他把食物囫圇吞棗，就要放慢餵食離乳食的步調。

☆ 讓孩子享受吃東西的樂趣

　　離乳食的食材必須切得很碎，還要煮上好一段時間，實在是很費工夫，家長們也覺得很麻煩吧。不過，在孩子能吃跟大人一樣的食物之前，這是相當重要的練習階段。

　　如果父母把多大的孩子可以吃到多硬，又能吃什麼東西的知識給學起來，讓孩子享受到吃東西的樂趣，那是最好不過的了。不過，每個孩子的發育狀態多少有些差異，所以請配合孩子個人的狀況進行。

**出生 5 ～ 6 個月　體重約 6.5 ～ 7kg**
這個時期開始可以吃離乳食。孩子的舌頭還只能前後移動，所以就餵一些米湯、濃湯等只需吞嚥的稠狀食物。六個月之後，孩子就可以吃能用舌頭弄碎的食物了。

**出生 7 ～ 8 個月　體重約 6.8 ～ 9kg**
孩子的舌頭可以上下前後移動，所以能吃稀飯、煮豆腐和白肉魚、絞肉等食物。

**出生 9 ～ 11 個月　體重約 7.5 ～ 10kg**
在這個階段，舌頭可以左右移動，還可以用牙齦弄碎食物。原本的稀飯可以改成軟飯，能吃的食物也多了肉類和紅肉魚。同時，孩子會開始「吃膩」離乳食，想要自己抓東西來吃，還有的孩子會鬧彆扭、把餐桌弄亂。

**出生 12 ～ 18 個月　體重約 8 ～ 12kg**
到這個時期，幾乎所有孩子的舌頭都能任意活動。在一歲半之前，要讓孩子脫離離乳食，練習吃跟大人相同的東西。

## ☆ 多用正面鼓勵

　　每個孩子的舌頭、進食動作以及進食的量都不盡相同，您可以觀察其他孩子是怎麼吃的，但不需要拿來跟自己的孩子做比較，甚至因此感到挫折、憤慨。

　　離乳食最大的目的，在於讓孩子逐漸習慣食材、細嚼慢嚥、讓營養素吸收到體內。為了達成這個目的，我們每天在餐桌上都應該營造出快樂的氣氛。

　　不要用「太慢了」、「好髒喔」之類的批評，而要用「你都吃下去了呢！」這樣的鼓勵，讓孩子能夠更積極地進食。

離乳食物的食材標準

### 出生 5～6 個月
米、烏龍麵、麵包、胡蘿蔔、南瓜、菠菜、番茄、蕪菁、甘藍菜、花椰菜、香蕉、蘋果、橘子、原味優格、豆腐、白肉魚、吻仔魚

### 出生 7～8 個月
出生 5～6 個月的食材＋玉米片、通心粉、麥片、菜豆、黃瓜、四季豆、大部分的水果、雞胸肉、雞絞肉、納豆、凍豆腐、乳製品、水煮蛋黃、出生 8 個月後可以吃紅肉魚、肝臟

### 出生 9～11 個月
出生 7～8 個月的食材＋米粉、粉絲、餅乾、豆芽菜、筍子、烤海苔、裙帶菜、紅肉（牛、豬、絞肉）、青背魚、櫻花蝦、整顆蛋

### 出生 12～18 個月
出生 9～11 個月的食材＋螃蟹、蝦子等，蔬菜跟水果幾乎都可以吃。

※每個孩子的情況可能不同，還要注意會不會有食物過敏的情形。

# 離乳食的基本常識②

吃多了離乳食，開始習慣之後，
可以讓孩子嘗試各種不同的味道。

煮、蒸、烤、炒……
光是改變料理方法，口感就會不同。
觀察孩子的樣子，讓他知道吃東西的快樂吧！

食

☆ 把大人吃的料理做成離乳食

準備離乳食，必須把料理切得很碎，又要煮上好一段時間，非常耗費工夫，但孩子有可能不願意吃，因而難免會使自己又失望又難過。

不過，孩子長到7～8個月大之後，就可以拿一些大人吃的東西，做成嬰兒食物。

我自己也有兩個小孩，同樣在工作跟帶小孩間兩頭燒，於是我便設法在大人跟孩子的食物間取得平衡。嬰兒也算是家中成員之一，所以他們吃的離乳食，也應該從全家人的食物開始著手。

☆ 如果大人的飲食以蔬食為主，在做離乳食時就會很輕鬆

舉例來說，在要做給大人喝的味噌湯時，我會先用湯頭熬煮切成薄片的蔬菜，放入味噌前，先盛出嬰兒的那一份，剁碎後加入白肉魚、豆腐、雞肉，再加進稀飯做成粥，或用點醬油跟砂糖調味，變成日式炒菜風，甚至做得黏稠些變勾芡。這樣一來，就能出現好幾種變化。至於馬鈴薯燉肉或燉白肉魚，只要把味道調淡一點，就能讓嬰兒食用。

另外，由於嬰兒的腎臟還沒發育完全，最好不要給他們吃調味品，而且最理想的情況，是盡可能使用天然素材。

如果大人的食物味道清淡、以蔬食為主、用魚代替肉類，製作離乳食就會非常輕鬆。不妨利用這個機會，重新審視一下您家的料理看看。

製作離乳食時，要注意營養均衡。
就算量不多，每一餐都要從下面的三種營養中，
各挑選一些來料理喔！（出生後5～6個月除外）
每段時期可以吃哪些東西，大致都是固定的，
所以請挑選適當的食材組合。
從幼兒食物開始，到大人吃的食物都一樣。

# 不會造成人體負擔的調味料、湯頭、植物油

湯頭、油脂在烹飪中是不可或缺的一環，
所以請務必講求天然。
湯頭不用想得太困難，
將昆布切片放入水中，
就能熬出一鍋天然湯頭。

☆ 簡單做出日式湯頭和西式湯頭

　　日式湯頭和西式湯頭可說是料理的基礎。現在大家幾乎都使用高湯塊，不過只要試一次天然湯頭，就會嚐出其中滋味的不同。或許您會覺得做自然湯頭很麻煩，但習慣之後就會發現真的很簡單。

☆ 輕鬆製作鰹魚湯頭和昆布湯頭

　　在熱水中放進柴魚薄片煮上30秒，然後把湯汁濾出來，就成了鰹魚湯頭。如果覺得濾出湯汁很麻煩，可以把柴魚薄片放入高湯包用熱水熬，再把高湯包取出即可。

☆ 製作少量湯頭

●鰹魚湯頭……把柴魚薄片放入茶葉濾網，置於茶杯上方，再拿水壺沖水即可。
●昆布湯頭……把昆布切成小片，放到裝水的鍋子裡泡上一晚，隔天早上就會變成湯頭。

★最近還多了粉末狀的鰹魚、昆布、小魚乾，只要把這種粉末加入水裡，就能做成天然湯頭。★西式湯頭使用的是各種蔬菜熬煮出來的湯汁。

☆ 油脂要用芝麻油、葵花油、橄欖油

　　一般而言，料理給嬰幼兒吃的食物時，我們都不太會放油。因為小孩子的腸胃還沒發育完全，光是攝取食材本身含有的油份，就已經很足夠了。

　　如果真的要放油，就要使用芝麻油、葵花油、橄欖油等植物性油脂。如果要用奶油，只能放一點點；人造奶油跟起酥油則不要使用。

☆ 使用粗製精糖、黑砂糖、有點苦味的天然鹽

　　嬰兒最好還不要碰太甜或太鹹的食物，如果要在料理中使用，就選擇粗製精糖或黑砂糖，不要用精製白糖。

　　鹽的部分，也不要用乾燥蓬鬆的精製品，而是富含礦物質的天然鹽。

　　另外，蜂蜜必須等孩子一歲以後再使用。一歲之前有可能感染肉毒桿菌。

| 菇類和雞肉也能熬出好湯頭 | 在中華料理中也有很多人崇尚天然湯頭。在料理時，使用菇類和雞肉之類的多汁食材，就不需要另外喝湯了。 |
| --- | --- |

# 盡量別喝冰涼飲料

不論要給嬰兒喝什麼，溫度都要保持在微溫。
就算是炎熱的夏天，也不要喝低於自來水溫度的飲料。
在中國及日本，愈熱的天氣反而愈要喝熱飲這點，早已成為既定的觀念。

食

☆ 喝冰涼飲料會消耗熱能

　　大熱天裡，您可能會想給嬰兒喝些冰涼飲料，但請不要這麼做。

　　不論是在中國還是日本，自古以來就有一種觀念，認為在夏天裡更應該喝熱飲、吃熱食。戶外高溫會讓我們身體的溫度跟著升高，這時如果大口大口灌下冰飲，兩者的溫差會導致身體失去大量熱能，反而讓我們更容易疲累而無法支撐。

　　給嬰兒喝的飲料應該維持在微溫，就算是大熱天，至少也要與自來水的溫度相同。

夏天也應該喝熱飲

☆ 喝冰涼飲料不見得舒服

　　還有一點，即使喝下冰涼的飲料能讓人覺得很暢快，但嬰兒卻可能不會有這種感受。

　　喝冰的東西不只消耗熱能，還會刺激腸胃引發腹瀉。尤其是小嬰兒，平常喝慣了微溫的母乳或沖泡牛奶，冰的東西反而是一種強烈的刺激。

　　請記住：小嬰兒的味覺跟感覺與大人並不相同。

☆ 大量喝電解質飲料，優於大量喝水

　　大量喝水會破壞體內的電解質平衡，而且也不容易吸收。要讓嬰兒大量飲用時，可選擇嬰幼兒用的電解質飲料，或加入微量日本梅乾的番茶。日本梅乾所含的鹽分，能起到跟電解質飲料相同的功用。

　　給孩子喝茶前，記得先加水稀釋。


☆ 口渴時建議飲用的中藥茶

●四肢煩熱而容易口渴……將小建中湯的粉末溶入水中，泡成茶給孩子喝。這對睡前口渴、容易尿床的孩子很好。

●四肢厥冷型……將人參五苓散的粉末泡成茶給孩子喝。


☆ 容易入口，可以暖和身體的飲料

●羅漢果茶＋少許生薑汁……羅漢果可止咳、袪痰、滋養、強壯身體，而且又有甜味，很容易入口。

●生薑湯……在熱水中溶入葛粉、加進生薑（磨成泥）和少許天然甜味劑。這樣可以讓身體暖和起來。

羅漢果茶

葛粉　熱脾水　味劑　天然甜　生薑

口渴　幼兒時期如果口渴很嚴重，就要檢查是不是有什麼疾病。在很罕見的情況下，有可能是先天性糖尿病或甲狀腺的疾病。

# 值得推薦的
# 四季熱飲

日本四季分明，
春夏秋冬都有各式各樣的作物收成，
再加上溫度跟濕度也有很大的差異，
每個季節都有適合的食物和飲料。

☆ 初春到6月

　　煎煮筆頭菜（土麻黃）、琵琶葉，加入沖淡過的羅漢果沖茶，再加少許生薑汁。如果再放入大量茭白筍的粉末，據說還可以預防花粉症。

| 茭白筍 | 群聚生長於水邊、沼澤、河川和湖泊，可長大至跟人差不多的高度，供食用。粉末可透過郵購買到。<br>在排毒過程中，這是一種不可或缺的天然營養補充品。 |
|---|---|

☆ 7～8月

　　大原則是飲用溫熱飲料，可選用一些能帶走體內多餘熱氣的清涼食材，製作成湯品。

●綠豆水……綠豆洗淨後泡水，待綠色汁液流出後直接飲用。再把那些綠豆加水熬煮，然後加些甜味，就能做成綠豆湯。

●夏季蔬菜湯……加水小火熬煮時令蔬菜，做成湯品飲用。

●玉米茶……玉米連鬚直接水煮，煮過的液體直接當茶飲用。玉米鬚含有豐富鈣質，據說可以利尿。生的玉米鬚也可用在沙拉裡。

●西瓜、香瓜、黃瓜等瓜類食物……加水小火慢煮就好。這些食物有利尿效果。當然了，直接生吃也是很美味的。

●寒天茶……將寒天粉溶入熱水中，加一點天然甜味劑。

●杏仁豆腐……用市面上販賣的杏仁粉，比照寒天茶的作法製作。

●昆布茶……市面上也有販賣較方便的顆粒型。

●十藥薏苡仁茶……十藥指的是魚腥草，薏苡仁就是薏仁。兩者混合後泡茶飲用。

## ☆ 秋天

●桑葉……煎煮桑葉服用可降血壓、防止肥胖、改善文明病。

來做桑葉茶！

①把桑葉洗乾淨，擦乾水分，放在筛籬或網子上，置於通風良好的地方風乾。

②曬上半天到一天，讓桑葉縮皺。

③在鍋子裡放一撮乾燥桑葉，加入熱水，待液體變成黃色後就可飲用。

桑葉

清洗乾淨

熱開水

風乾

●琵琶葉……具有止咳、祛痰效果，常用於慢性支氣管炎。另外，用4～8月左右的葉子泡茶，也有助於調整自律神經的平衡。

●柿子葉……內含的維生素C是草莓的16倍，對治療牙齦出血有很棒的效果。不僅如此，它還富含類黃酮，能夠抑制高血壓。

★用這些茶葉水泡澡，能讓嬰幼兒通體舒暢。

## ☆ 冬天

多喝一些可以暖和身體的飲料，例如用枸杞、棗子、百合根、蓮藕入湯或泡茶，或是加入羅漢果和生薑汁的茶飲。

# 用天然素材
# 自己做點心

**食**

盡可能自己製作沒有添加物、沒有代糖的點心。
不放任何甜味，直接水煮蕃薯、馬鈴薯、
玉米等時令蔬菜當點心也很理想。

☆ 親手做點心是最好的

在14～15歲之前，孩子的大腦都還在
發育階段。若用植物來形容，就是發展根
部的階段。如果不趁這個時候把根紮穩，
將來就不會有抵禦風霜的能力。

味覺也是相同的道理。成長時期一定
要好好培養，作為日後成人階段的健康基礎。因此，大人應該親手
製作點心，利用對身體有幫助的食物，讓孩子健康成長。


☆ 用天然素材製作點心

據說在江戶時代中期，日本人學會了使用砂糖。在那之前，能
夠填飽肚子的，可能就屬薯芋類的食物。不過我認為那些歷史悠久
的東西，才是真正對孩子有益的食物。

不要給孩子吃市面上賣的點心，那些東西裡面有很多食品添加
物。不妨參考第109頁，自己嘗試製作看看。這些食物的作法都非常
簡單。記得多用蔬果、豆漿、以及穀類，要增加甜味時，就用沒精
製過的糖或楓糖之類的天然調味料。

※蜂蜜裡可能含有肉毒桿菌，未滿一歲的幼兒還沒有很多腸內細
菌，所以不能給他們食用。

# 天然點心食譜

## 豆漿優格

材料：豆漿、天然甜味劑、天然醋

1 將天然甜味劑和天然醋混入豆漿中，調成孩子喜歡的口味。

## 花生布丁

材料：花生醬、豆漿、天然甜味劑、碎花生、寒天粉

1 將花生醬跟豆漿倒入碗中，用打蛋器攪拌均勻。

2 在鍋子裡裝水，放入寒天粉和天然甜味劑，加熱讓它們化開後，加入 1 的材料攪拌均勻

3 煮開後把火關掉，將液體倒入布丁杯中，放在常溫下凝固。凝固之後再灑上碎花生。

## 蘋果芡

材料：蘋果、葛根粉

1 把蘋果洗乾淨，切成薄扇形放入鍋內。

2 灑上鹽巴燜燒，蘋果變軟之後把火關掉。

3 把葛根粉溶入水中。

4 把 2 的蘋果加入 3 中，輕輕攪拌至葛根粉透明為止。

## 南瓜羊羹

材料：南瓜、寒天粉、天然甜味劑

1 把南瓜蒸軟，剝皮搗碎（稍微混一點皮在裡面）

2 將寒天粉和天然甜味劑放入鍋中攪拌均勻，裝水加熱。

3 攪拌至寒天完全溶解，煮開後用木匙繼續攪拌，然後把火關掉。

4 3 的材料沒那麼燙之後，加入 1 的南瓜混合，倒進模子中凝固。

## 蔬菜小魚什錦燒

材料：吃剩的蔬菜、小魚、全麥麵粉

1 把全麥麵粉溶入水中。

2 把吃剩的蔬菜切碎，跟小魚一起加進 1 的材料中混合。

3 在平底鍋中放一點油，倒入 2 的材料，煎到兩面都熟了為止。

## 蕃薯紅豆年糕湯

材料：蕃薯、紅豆罐（不甜）、黑砂糖

1 把蕃薯洗乾淨，連皮切成 1cm 大小的塊狀。

2 把紅豆倒入鍋中，倒進罐子容量的水，再加黑砂糖和蕃薯塊一起煮。

3 2 的蕃薯軟化後，放入少許鹽巴。

## 寒天豆漿加黑蜜

材料：寒天粉、天然甜味劑、豆漿、黑蜜

1 在鍋內加入寒天粉和水攪拌，注意不要結塊。

2 用大火加熱，沸騰之後加入天然甜味劑。

3 天然甜味劑溶化後把火關掉，加入豆漿攪拌。

4 降溫後倒入容器中，放進冰箱冷卻凝固。

5 冷卻凝固後切成塊，吃的時候可以淋上黑蜜。

## 白玉湯圓沾黑芝麻醬

材料：白玉粉、細嫩豆腐、黑芝麻抹醬、天然甜味劑

1 把豆腐搗碎，跟白玉粉混和，揉成一口大小的球型。

2 把 1 的材料放入煮沸的水中，浮起來後泡入冷水，再放到笊籬上。

3 把黑芝麻抹醬跟水、天然甜味劑混合，製作成黑芝麻醬。

4 把 2 的材料放到容器內，淋上 3 的醬料即完成。

★天然甜味劑……黑砂糖、粗製精糖、麥芽糖、果糖、蜂蜜、楓糖等，從天然植物萃取、濃縮過的甜味劑。

★材料、分量都是建議值，做的時候請一定要試味道。

★可拿家裡就有的水、鹽、油來製作。請依照不同料理視情況使用。

★若無白玉粉，可用糯米粉代替。

# 小心不要變成胖小孩

食

蔬菜和海藻的量，
必須是魚、肉的三倍，
還要督促孩子細嚼慢嚥。
多活動身體、減少零食的量，
吃正餐前維持空腹，
更能維持身材苗條。

☆ 用公式算出孩子是否肥胖

　　如果您覺得孩子有點臃腫，難免會擔心他是不是太胖了。這種時候，就要幫他計算一下。透過身高、體重計算出「卡普指數」，可以得知孩子肥胖的程度。

> 〔體重（g）÷（身高cm）2〕×10＝卡普指數

　　大人的肥胖程度是用BMI表示，計算方法跟卡普指數一樣，不過肥胖標準有所不同。

小孩的卡普指數應該在下列的範圍之間：

嬰兒…………16～18
滿1歲………15.5～17.5
滿4、5歲……14.5～16.5

| 發育狀態 | 卡普指數 |
|---|---|
| 過瘦 | 未滿 13 |
| 略瘦 | 13 以上～未滿 15 |
| 標準 | 15 以上～未滿 19 |
| 略胖 | 19 以上～未滿 22 |

不過，這只是從身高體重得出的數值，並無法測出體脂肪率，所以請作為一項參考標準就好。

## ☆ 「活動」比數字更重要

即使孩子的卡普指數超出標準範圍，如果平常動作算是靈敏，也沒有什麼贅肉，就不需特別擔心。反過來說，就算卡普指數在標準範圍內，如果動作不太靈活，就代表孩子的代謝不好，肌力會愈來愈弱。那樣一來，疾病就很容易會侵入體內，而且不容易治癒。

這是個飽食的時代，大家能夠挑自己喜歡的食物吃個過癮；生活便利之後，人們開始運動不足；都市裡的居住空間狹小，孩子在公寓大廈內不能跑跑跳跳，在家裡的運動量也逐漸減少；而且，會叫孩子幫忙做家事的父母也愈來愈少。孩子在成長過程中沒有機會盡情活動，將來會讓他們對活動身體感到痛苦，肥胖的機會也會大幅提高。

記得每天都要運動一下！

## ☆ 若要預防肥胖，就必須養成這些生活習慣

●食用蔬菜、海藻的量要是魚、肉類的三倍。盛好一人份的量後，就不要再讓孩子吃更多。

●細嚼慢嚥，讓飽食神經發揮功用。

●三餐要定時，盡量別吃點心。

●多讓孩子幫忙做家事，多到戶外遊玩，多爬樓梯少搭電梯。

| 點心零嘴 | 這些食物的油脂跟熱量都很高，還有很多添加物，更會破壞營養均衡。購買之前記得先看清楚包裝背面，確定裡面的成分跟熱量。 |
| --- | --- |

# 孩子的食量很小
# 怎麼辦？

**食**

每個人的食量都不一樣，
就算吃得不多，只要表現得健康有精神，
體重也穩定增加，就不需要擔心。
與其強迫孩子多吃一些，
不如讓他了解吃東西的快樂。

☆ 要吃多少才算正常？

「我家小孩是個小鳥胃，東西都吃得很少。繼續這樣下去，我擔心他的身高跟體重會無法增加。」這應該是許多媽媽的心聲吧。

不過，只要去幼稚園或托兒所觀察一下，就不難發現每個小孩的食量都不一樣。有的孩子捧著大人用的便當盒跑來跑去，還把裡面的食物舔得一乾二淨；也有的孩子用小小一個便當盒，就吃得心滿意足。

其實仔細一想，每個大人的食量也都不同。只要過得健康有精神，體重能夠穩定增加，吃多吃少就不是什麼問題。另外，孩子們的食量、對食物的喜好也是會改變的，您看到自己用心製作的料理剩下來時，固然會感到難過，但還是請您耐心地觀察下去。

不過，還是有些中藥可以治療孩子小得異常的食量。關於這方面，可以去向專科醫師或中藥行諮詢。

☆ 如果孩子的食量不定，就要拉長到一整週來觀察

孩子明明就乖乖把午餐吃完了，晚餐卻幾乎沒什麼碰──當孩子的食量不定時，媽媽當然會感到擔心。尤其是食量小的孩子，更容易出現這種情況。但媽媽們不用太擔心，只要這麼想，就會比較輕鬆：

「一天當中，只要有一餐好好吃完就好了。」
「一個星期當中，食量都還算正常就好了。」

☆ 最重要的一點，在於餐桌上的氣氛要快樂

　　一直催促食量小的孩子「多吃一點、多吃一點！」反而會讓他們更吃不下，甚至對吃飯感到抗拒。所以家長應該要營造出愉快的用餐氣氛。

●關掉電視機，全家人都就位了，再一起吃飯。記得要一起說：「開動！」

●如果家人說「啊，這個真好吃！」孩子也就會覺得很好吃。大人要表現出津津有味的樣子。

●孩子有食物吃不完時，不要對他生氣，告訴他「留到下次再吃就好」，或是在料理上多下些工夫。

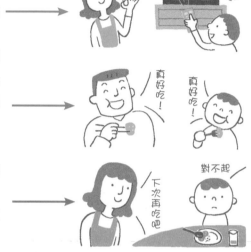

☆ 容易入口的料理

●一個餐盤裡能同時攝取到熱量、蛋白質、蔬菜、海藻的食物，以及配料很多的雜粥、咖哩等。

●如果孩子會剩下白飯，不妨做成較小型的飯糰。

●讓孩子一起幫忙煮飯。讓孩子自己包餃子、去菜園摘番茄、挖芋頭，他就會吃得比較多。

生薑　加一些生薑汁，會讓料理更清爽、更好入口。懷孕時期會嘔吐的孕婦也可以試試看。

# 能夠改善體質的
# 野菜、藥草

在中國，自古以來就有食用藥草的習慣。
有些藥草在生草藥店就能買到，所以請多多攝取。
這些藥草有助於提高免疫力，調整體質。
當然了，最好是選擇沒有農藥的喔！

※有些人吃太多藥草會產生不適，所以請先少量試吃過後，再拿來食用、泡茶、泡澡。尤其是會過敏的人，請先向您的家庭醫師諮詢。

☆ 艾蒿

　　乾燥過的艾蒿可在生草藥店買到，春天時也會茂盛地生長在各個地方。這個植物又叫做「醫草」，在民間療法中可改善血液循環、祛除體內寒濕、消除發寒引起的疼痛。雖然果實跟花粉算是過敏原，煎煮過的果實還是能夠溫暖身體。

●艾蒿切碎後用開水燙一下（加一小撮鹽），可用於日式煎蛋和什錦燒。

●艾蒿剁碎後用開水燙過，將白玉粉加一點水捏成團，再放進剛才剁碎的艾蒿水煮，就成了艾蒿丸子。

●把剛摘下的艾蒿葉用水洗淨，吊在屋簷下讓它乾燥，可拿來泡茶或洗澡。

　　如果要做入浴劑，可以把葉片裝進布袋中，加入一把天然鹽用熱水熬煮，然後將那鍋水跟布袋都放入洗澡水中。

## ☆ 蒲公英

在非常早以前，世人就懂得把這種藥草拿來食用。它有殺菌效果，經常用於中藥材中，還能祛熱、排毒、消腫、緩解肌肉僵硬；另外還能作為胃腸藥、催乳劑（註：刺激乳汁分泌）、對孕婦也是好處多多。而且各位應該也有耳聞，無咖啡因的蒲公英咖啡非常受到歡迎吧？

有殺菌效果

● 新鮮葉片可用於沙拉、醋拌涼菜。
● 新鮮葉片可炸天婦羅。
● 煮過可用於涼拌青菜。
● 根部可做成金平風味（註：用牛蒡絲等食材加入醬油、砂糖等油炒）的料理。

## ☆ 鵝腸菜

以春季七草之一為人所熟知。我住在日本時，就看過它們自己生長在院子內，而且非常有生命力，拔起來時還花了我不少力氣呢。它的成分跟藥理效果都還不明，不過在民間用藥裡，可淨化血液、刺激乳汁分泌、對生產後的孕婦也很好。此外，據說江戶時代的人們，會把鵝腸菜跟鹽混和用來刷牙。雖然我們不知道那方法是否真的有效，至少可以確定這種野菜由來已久。但鵝腸菜性寒，所以最好不要長期食用。

● 稍微煮一下，可用於涼拌青菜。
● 生葉片可用於沙拉。
● 還可以切碎加進漢堡肉中。

春季七草之一

## ☆ 芋莖

芋頭莖的通稱，有紅綠兩種顏色。我會把它們吊在屋簷下，直到完全曬乾，要吃的時候才拿下來。這是非常棒的自製保存食品。

芋莖對下半身容易內出血、生理期來時容易生理痛的女性，以及大量出血的人很有用，對產後的惡露分泌也有很好的效果。

●泡水恢復原狀後，稍微清燙一下，加入味噌湯或其他湯裡。

●像蘿蔔乾一樣煮熟。

※嬰兒無法消化太多食物纖維，最好過了一歲半後再開始餵食。

有助於舒緩生理痛

## ☆ 韭菜

這是常見的夏季蔬菜，現在一年四季都能在超市裡買到。將草的部分擠出汁液，可以治療割傷和漆瘡*，煮熟後食用可治療嘔血和血尿，具有止血效果。同時，也是可以補充體力的蔬菜。

我們常會在院子裡看到野生的韭菜，這種韭菜比市面上看到的細小、也比較硬，不過味道卻強烈許多。要種在家中的小菜園，應該也是沒有問題的。

還有止血效果

●新鮮韭菜可以直接放進水餃或日式煎蛋裡。

●跟肝臟一起炒。

●做成涼拌青菜。

●做成炒蛋。

*漆瘡：對漆樹或生漆過敏而引發的一種皮膚病，屬接觸性皮膚炎。

## ☆ 落葵

落葵、絲瓜、苦瓜都是會自行落種生長的蔬菜。落葵含有豐富的鈣、鉀、胡蘿蔔素、維生素A，很早以前在東南亞就被視為健康食品。它的身上又有一些黏液，可以保護胃黏膜。

●嫩莖葉可直接加入味噌湯。

●稍微燙一下，做成涼拌青菜。

●切碎後用炒的也很好吃。

●能做為火鍋食材。

●加進咖哩裡能讓孩子好入口。

保護胃黏膜

## ☆ 絲瓜

絲瓜的藤會捲起來，所以就算地方不大，也能種在狹小的庭院或盆栽中。種絲瓜還有一個好處，就是它能幫家裡遮陽。

一般人常知，絲瓜能做成化妝水，對皮膚龜裂、粗糙、凍傷都很有效，現在連異位性皮膚炎的患者也很愛用。生的絲瓜可作為袪痰劑；生絲瓜水加一點天然鹽後拿來漱口，可以化去卡住的痰。

不僅如此，絲瓜也可供食用。我們吃的絲瓜都還沒成熟，裡面的種子尚未發育完全。絲瓜成熟後，纖維會變得很多，所以沒辦法拿來吃。

對粗糙的皮膚很有效

●把種子還沒發育完全的未成熟絲瓜連皮切開，放進煮好的湯中泡軟。

## ☆ 苦瓜

最近超市愈來愈多綠色的苦瓜，但事實上，呈現一點淡橙色的成熟苦瓜比較好吃。苦瓜成熟後，內部果肉會變成鮮紅色，乾掉的種子可留待明年栽培。苦瓜富含維生素C、鉀、鈣，值得一提的是，它的維生素C就算加熱後也不容易被破壞掉，所以可以安心烹調。它還能增進肝功能，降血糖，苦味可以袪除體內多餘的熱並有止癢的功效。

另外，用苦瓜的種子、葉子泡澡可治痱子；對夏天容易得異位性皮膚炎的人來說，也是一種很好的植物。

●跟雞蛋、肉、豆腐一起炒。雖然會有苦味，如果加進味噌的味道，應該就不會那麼明顯。

增進肝功能

●炸天婦羅。

●煮湯。

●泡澡、做化妝水。

☆ 山藥

　　山藥分成長芋、銀杏芋（山藥）、大和芋等三種，一般超市皆有販賣。芋頭部分常用於中藥。

　　最具代表性的就是八味地黃丸，它可以補強腎臟功能，對喝多尿多的糖尿病患而言，也是治療消渴症的重要藥物。此外還能滋養強壯、防止老化、治吐瀉，在民間療法中也常用它來治夜尿症跟盜汗。

●削成泥蓋在飯上，變成山藥飯。這種飯的特徵在於就算不加熱，澱粉也很被容易吸收。

●切碎做成醋拌涼菜……澱粉酶是一種消化酵素。山藥的澱粉酶含量是蘿蔔的三倍，其他還有尿素分解酶、皂苷、粘蛋白等。

●切碎後拌炒。

●削成泥加入什錦燒……黏著的山藥泥含有幫助吸收蛋白質的粘蛋白。

滋養強壯

銀杏芋

長芋　　大和芋

☆ 菇類

　　提到中藥材中的菇類，第一個會令人聯想到的就是靈芝。中國古書記載：「久服輕身不老，延年神仙。」神奇地教人難以相信。總之，吃了這種菇類，我們就有希望長命百歲吧！而在《日本書紀》中，也有關於菇類的記錄，可見自古以來，大家就很重視這種植物。將菇類煎煮後，湯水會散發一種獨特的苦澀，據說那有抗腫瘤的效果。

　　另外一種也能抗腫瘤、可食用的菇類是舞茸。它的成分不會因為加熱而被破壞，屬於水溶性，所以做成湯喝對身體是很好的。

　　香菇含有植物固醇，可排出體內的膽固醇；香菇嘌呤還被發現可以降血壓，以及預防文明病。

給嬰兒吃香菇，通常會變成排泄物直接排出體外，不過香菇通過肚子裡時，應該也會帶來一些好的效果。

●可煮湯或放進味噌湯。

可預防文明病

☆ 豆類

　　豆類在食養裡也是一種不可或缺的食材。舉例來說，紅豆含有很高的鐵質跟鉀，具有利尿效果，又富含食物纖維，可以消除便祕。紅豆的外皮裡，還有皂苷這種澀液，可以治療腎臟、腳氣性心臟病等浮腫。所以自古以來，煮過紅豆的湯水都會連同澀液一起拿來用。

　　不過，胃腸不好的人吃太多紅豆，容易在肚子裡累積氣體，所以要注意攝取量。若要加糖則別使用白砂糖，而要用粗製精糖。

●紅豆粥 ●紅豆飯 ●紅豆年糕湯等。

　　黑豆是大豆的一種，具有很高的營養價值，並且預防血管老化，很適合氣喘、風濕、腳氣病的患者食用。此外，黑豆據說還能讓聲音變好聽，所以從以前開始，據說大家就會喝黑豆水來保養喉嚨。

●黑豆泡酒（黑豆酒）可治失眠。

●跟黑芝麻輪流拌炒，再放入糙米煎煮可治心臟病。

●煮過黑豆的湯汁有助於提昇肝臟和腎臟功能，還能解除宿醉。

※大豆也含有豐富的營養素，是自然療法中不可缺少的蛋白質來源。

# 小孩子的衣著

容易活動、整潔比穿得漂亮重要。
選擇100％純棉的衣服，還要勤加洗淨。
衣服裡面一定要加內衣，以吸收汗水。
如果是夏天，給小嬰兒穿一件汗衫即可。

衣

☆ 嬰兒的衣著首重不刺激肌膚

　　光著身體生下來的嬰兒穿起衣服，就好比身上多了一層「異物」。這種異物最好不要對嬰兒的肌膚或活動造成負擔。最理想的情況，是讓他們覺得身上穿著衣服比較舒服。

　　嬰幼兒跟學童的衣服材質，都要以100％純棉為主。尤其是內衣褲、T恤跟襯衫，一定要用可吸汗、不傷肌膚的棉類材質。夏天時，可以讓嬰兒只穿一件汗衫，不過在冷氣房或早晚氣溫較低的時候，選擇長袖和長褲則可以避免孩子受涼。（太熱會導致孩子中暑、情緒激動，所以請觀察孩子的狀況選擇衣著）

　　最近市面上販售的汗衫，不再只有純白色一種，還多了各種顏色和花紋的款式。所以就算只穿一件汗衫外出，也不會顯得很奇怪。

　　季節開始增添寒意時，在外面多加一件連身娃娃裝。記得腹部不要露出來，孩子活動起來時也不要顯得綁手綁腳。

夏天的嬰兒

冬天的嬰兒

## ☆ 幼兒和學童的服裝搭配如下

●汗衫＋Ｔ恤＋短褲，天冷時再加上羊毛衫或棉夾克，若再冷些就要穿禦寒的衣物。

　　如果孩子的活動量大、容易出汗，可選擇天熱時能馬上脫掉的衣服。多穿幾件薄衣服，比穿一件厚重衣服還能調節冷熱。

●汗衫＋連身裙＋細腿毛線褲＋夾克

　　秋天到春天之間，女生要穿裙子的時候，可在裡面穿一件完全包住腹部和臀部的褲子，例如毛線褲。千萬不要讓孩子著涼，出汗時就要讓她脫掉衣物調節體溫。

## ☆ 用肥皂洗衣服，不要用柔軟精

　　洗滌孩子的衣服時，最好是使用肥皂，不要用化學洗衣粉，尤其是肌膚較脆弱的孩子。另外，與其用柔軟精讓衣物變得柔軟，直接用手揉開洗好的衣物，對孩子的肌膚比較好。

| 柔軟精 | 有些孩子接觸到柔軟精，會出現皮膚發癢的症狀。加入太多芳香劑的東西，對孩子也不太好。只要孩子覺得有一點發癢，就請不要再使用。 |
|---|---|
| 肥皂 | 最近的洗衣肥皂愈來愈容易溶於水，使用上顯得更加方便。另外還有粉狀、液狀等可供選擇。 |

# 舒適的泡澡時光

親子一起泡澡，
是增進肌膚交流的重要時光，
而且還可以促進血液循環、新陳代謝，
有時候不妨泡個藥浴，
包括皮膚方面等各種疾病，
或許都能得到改善喔！

## ☆ 泡澡對身心的影響

●保持身體清潔
洗掉身上的汗水和髒汙，促進肌膚再生。但清洗過頭反而會造成刺激，所以嬰幼兒和年長者洗澡時，盡量不要使用肥皂。

●促進新陳代謝
促進血液循環、新陳代謝和內臟功能。但洗澡容易讓體內水分流失，所以洗澡前後記得要補充水分。

●放鬆身體、消除肩膀酸痛
消除精神上的緊繃，讓身體得以放鬆。血液循環變好了，肩膀酸痛自然就會消失。加些喜歡的入浴劑，能讓身體更加放鬆。

●理想水溫為38～39度
即使在寒冬中，也頂多到40度就好。微熱的溫度對身體來說是剛剛好的。

## ☆ 用藥浴調整體質

藥浴就是在水中加入煎煮植物的液體，藉以調整體質。依照素材的不同，能達到各種不同的效果。

● 桃葉……具有收斂效果，可用於痱子、尿布疹。

● 魚腥草……使用葉子或莖的部分，對蕁麻疹、多發性毛囊炎、水泡疹、容易化膿的皮膚有效果。必須放入低溫的洗澡水中。

● 紫蘇地上部、琵琶葉、蘿蔔葉……可穩定精神、消除疲勞、調整自律神經平衡。

● 苦瓜子、苦瓜葉……對痱子、濕疹、異位性皮膚炎等皮膚疾病有效果。

## ☆ 其他推薦的入浴劑

加入下列素材，可中和自來水中的氯。如果想要在泡澡時讓身體更加放鬆，請一定要試試看喔！

● 備長碳 ● 天然醋 ● 天然鹽 ● 木醋液 ● 竹醋液

| 備長碳 | 可吸附氯、三鹵甲烷等有害物質。礦物成分溶出來後，可中和洗澡水。 |
|---|---|

| 木醋液、竹醋液 | 醋酸可軟化皮膚，有助於消除皮膚疾病。不過味道較具刺激性，最好先稀釋過再使用。 |
|---|---|

※不論是哪一種方法，都可能隨個人體質不同而出現不同的反應。如果發現不合適時，請立刻停止使用。

# 讓孩子睡得更香

大人小孩都要養成早起的習慣。
在早晨的陽光中起床，
白天多讓身體活動。
如果孩子還沒上學，
晚上八點半就要讓他上床睡覺。
規律的生活作息能讓孩子睡得更好。

住

☆ 孩子每天需要8～11小時的睡眠

俗話說：「一眠大一吋」，這是千真萬確的。孩子睡覺時會大量分泌成長荷爾蒙，這種荷爾蒙有助於身體和腦部的成長、發育，也就是說孩子如果好好睡覺，就能夠健健康康地成長。

孩子們一天所需的睡眠時間，大約是8～11小時。

☆ 「高品質」的睡眠很重要

孩子光是睡得久還不夠，還必須睡得深、睡得有規律，這就叫做「高品質」的睡眠。

如果想要睡得更熟，就要讓副交感神經發揮作用，放鬆身心在夜裡好好睡覺是非常重要的。即使同樣睡上八小時，如果是在白天睡覺晚上起床，對身體來說是很不自然的。這樣就算不上是好的睡眠。

「光線」也會大大影響睡眠。人類在明亮的地方會保持清醒，所以在白天的亮光中或是晚上把燈開得大大地睡覺，自然是沒辦法睡得很熟的。

如果家人是夜貓子，嘴巴上催促孩子趕快去睡覺，自己卻一直不睡，還把燈開得很亮，孩子同樣沒有辦法好好睡覺。

　　講是這樣講，但如果大人有很多事情要忙，不能確保跟孩子睡得一樣多，不如就乾脆跟孩子一起睡覺，把剩下的事情留待第二天早晨再來處理。這樣一來，既不會打亂荷爾蒙平衡，又能讓身體充滿活力。

　　到了孩子的起床時間，把窗簾拉開，讓陽光照進室內，身心就會知道要醒過來了。

　　改變生活習慣或許沒有那麼容易，不過許多人養成早起的習慣後，都覺得身體變好了。大人小孩都在一天當中好好活動身體，晚上早一點就寢，就可以睡得更熟。

　　為了讓您和您的孩子都睡得更熟，要不要下定決心，養成早起的習慣看看？

| 交感神經 | 交感神經在白天產生作用，又稱為「活動神經」。這種神經作用時，會讓瞳孔擴張、心跳加快、血管收縮、血壓上升，讓身體充滿能量。 |
| --- | --- |
| 副交感神經 | 副交感神經會消除緊繃，讓身體得到放鬆，所以又稱為「休息神經」。夜裡換副交感神經接手時，會讓瞳孔縮小、心跳減慢、血壓下降、身心會進入適合睡覺的狀態。 |

大人小孩都要早睡早起！

# 讓孩子的心
# 得到安定

住

如果想要讓孩子個性沉穩，
不會因為一點小事就生氣不安，
大人自己的心情就要維持穩定。
家裡出現什麼問題時，
孩子就會陷入不安定的狀態。

☆ 孩子愈來愈沒有笑容

在47年的小兒科醫生歲月中，我觀察到一個很不尋常的現象。

「為什麼最近的小孩不像以前那樣喜歡笑了？」

他們有的面無表情、有的眼神失去光芒或者一副看不到希望、悲傷的表情……看著那些小孩，我的胸口就痛得不得了。

在都市裡成長的小孩特別缺乏笑容。他們經常因為一點小小的理由就發脾氣、大哭大鬧、感情用事……但又焦慮不安，隨時處於驚恐之中。他們的居家環境、食物、家庭、校園裡的精神環境，實在讓我非常擔心。

☆ 孩子露出痛苦的表情時，家長要先自我檢討

如果孩子露出痛苦的表情，大人就應該先檢討自己的行為和內在。

您是不是因為太忙而顯得焦躁，心靈無法得到喘息？當孩子來找自己說話時，會不會脫口而出「我現在很忙」，就把跟孩子談心的機會拋諸腦後？跟孩子遊玩的時間是不是愈來愈少了？請時時刻刻提醒自己，多帶孩子去親近大自然，增進親子之間的交流。因為孩子最需要的，就是父母。

而且，我發現無法好好管理情緒的家長也愈來愈多了。他們疼愛孩子永遠嫌不夠似地，但也會因為一點小事情就大發雷霆，甚至暴力相向。

如果大人任憑自己受到心情的擺佈，一下讚美孩子，一下又大聲訓斥、甚至暴力對待孩子，孩子就會時時刻刻活在恐懼之中。在這樣的環境下，他們怎麼可能打從心底露出笑容呢？

雖然這絕非一件容易的事，但還是要請家長盡可能保持精神和情緒上的穩定。這麼說或許有些奇怪，不過我希望您能將自己對孩子滿滿的愛，用「淡如水」的方式慢慢傳達給孩子。

媽媽最喜歡你了♡

☆ 大人過得幸福，就能讓孩子幸福

為了達到這個目標，大人必須先在生活中感受到幸福。家庭是構成社會的最小單位；對幼兒來說，家庭又是生活的中心，所以一個家庭的氣氛是否開朗，會大大左右他們能否健全地成長。

我真心希望所有家長好好思考這一點，讓社會上有更多家庭能讓孩子真心歡笑。

| 江山易改，本性難移 | 這句話也代表著，您小時候如何養育小孩，將會對他的一生造成影響。<br>不過孩子在過 15 歲後，就要為自己的行為負責。為了讓孩子到時候能夠獨立，大人應該隨時在旁提供支援。 |
| --- | --- |

國家圖書館出版品預行編目資料

日本第一小兒科中西醫師教你免疫力一流的自然育
兒療法 / 王瑞雲監修；涂祐庭譯. -- 初版. --
新北市：世茂, 2013.03
　　面；　公分. -- （婦幼館　；137）

ISBN 978-986-6097-81-2（平裝）

1. 家庭醫學　2. 自然療法　3. 育兒

429　　　　　　　　　　　　　101026284

**婦幼館 137**

# 日本第一小兒科中西醫師教你免疫力一流的自然育兒療法

監　　修／王瑞雲
譯　　者／涂祐庭
主　　編／簡玉芬
責任編輯／楊玉鳳
封面設計／張雅婷
出 版 者／世茂出版有限公司
負 責 人／簡泰雄
地　　址／（231）新北市新店區民生路 19 號 5 樓
電　　話／（02）2218-3277
傳　　真／（02）2218-3239（訂書專線）、（02）2218-7539
劃撥帳號／19911841
戶　　名／世茂出版有限公司　單次郵購總金額未滿 500 元（含），請加 50 元掛號費
排版製版／辰皓國際出版製作有限公司
印　　刷／長紅彩色印刷公司
初版一刷／2013 年 3 月

I S B N ／978-986-6097-81-2
定　　價／250 元

OUCHI DE DEKIRU KODOMO NO TAME NO SHIZEN RYÔHÔ
Copyright © 2011 by Zuiun OH
Illustrations by Yumika and Asami TATSUZAWA
First published in Japan in 2011 by PHP Institute, Inc.
Traditional Chinese translation rights arranged with PHP Institute, Inc.
through Japan Foreign-Rights Centre/Bardon-Chinese Media Agency